행운을
부르는
그림 그리기

강경희 • 신호진 • 장은지 • 지음

BM 성안북스

you are my happy place

The one I love the most is you.
Let's get married. Will you join me

우리 선조들은 새해가 되면 집안 어른들을 찾아뵙고 인사를 드렸습니다. 이때 복된 한 해를 보내기를 염원하는 마음의 덕담뿐만 아니라 그림도 주고받았다고 합니다. 조선 시대 초기 새해를 축하하며 임금이 신하에게 내려주던 세화(歲畵)에서 유래된 이 그림들은 모두 쓸모가 정해져 있었습니다. 창고에는 충직한 개 그림, 아이들 공부방에는 관료의 벼슬을 상징하는 닭 그림, 연세가 있는 어르신들의 방에는 부귀와 장수를 기원하는 복숭아 그림을 붙여 놓았습니다.

그림은 새해뿐만 아니라 특별한 날에도 의미를 더했습니다. 모란이 흐드러지게 핀 병풍 앞에서 백년해로를 함께 할 결혼식을 올리고, 화조화 병풍이 쳐진 방에서 출산했으며, 갈대와 기러기를 그린 노안도는 장수를 기원하며 노인의 생일에 선물했습니다. 이렇게 의미가 담긴 그림들은 우리 생활에 깊숙이 들어와 친근하고 정겨운 마음으로 함께 했습니다. 우리는 그림을 보면서 글로 표현할 수 없는 무한한 뜻을 읽어냅니다. 특히 우리의 옛 그림에는 복을 받고, 번창하기를 바라는 '읽는 그림'들이 많습니다. 그래서 옛 그림을 감상할 때는 그림을 보는 것이 아니라 소재가 빚어내는 이야기를 읽어내야 한다고 합니다.

옛 화가들은 그림의 소재 어느 하나, 숨은 속뜻을 가지지 않은 것이 없을 정도로 뜻을 담기 위해 노력했습니다. 그림을 그리는 이가 마음과 기운을 담아 그리면, 보는 사람에게 영향을 끼칠 것이라고 보았기 때문에 소재의 상징성이 강할수록 그림이 주는 기운이 강하다고 믿기도 했습니다.

prologue

그림에 마음을 담다

4

지금 우리에게 집은 더욱 소중한 의미로 다가옵니다. 삶이 지치고 힘들 때일수록 우리는 집이라는 공간에서 숨을 고르며 재충전의 시간을 보냅니다. 불편한 사회의 시끄러움 대신 작고 확실한 행복을 찾는 사람들. 그래서인지 집을 꾸미고 쉴 수 있는 최적의 공간으로 만들기 위한 노력이 주목받고 있습니다. 비싸고 갖기 어려운 대상으로의 집이 아닌, 내 시간을 온전히 숨 고르며 마음의 여유를 찾는 케렌시아(Querencia)로서의 집을 위해 의미 있는 그림으로 채워봅시다. 소중한 사람들에게 전하는 의미 있는 선물로도 좋을 것입니다.

저희도 즐거운 그림 그리기에 뜻과 마음을 담아보기로 했습니다. 평범한 꽃과 나비 그림도 서로가 더욱 돈독한 인생의 동행이 되기를 바라는 뜻이 있음을 알고 그린다면 정성뿐만 아니라 그리는 사람의 좋은 마음도 함께 담길 테니까요. 저희가 마련한 사랑과 행운, 부귀, 성공, 가정, 자녀에 관한 소재 중 마음에 드는 것으로 골라보세요. 부록으로 마련된 도안을 놓고 순서를 따라가면서 천천히 그리면 누구나 쉽게 완성할 수 있습니다. 집중하여 그리는 과정과 결과 모두 기분 좋은 일이 되기를 바랍니다.

preview

미리보기

● 그리기 이론

그림을 그리기 전에 수채화 기법을 통해 색상 만드는 방법을 소개합니다. 물의 사용법과 농도, 음영, 그러데이션 표현 방법 등을 배워 그림의 디테일한 변화를 표현할 수 있습니다.

또한 손쉽게 그릴 수 있는 색연필을 이용하여 강약 조절과 농도, 그러데이션 표현 방법으로 종이 질감을 살리면서 감성적인 그림 그리는 방법을 배울 수 있을 거예요.

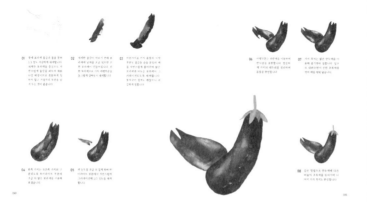

● 따라하며 그리기

스케치부터 채색하는 과정을 따라하기 방식으로 소개합니다. 그림 실력이 없더라도 쉽게 그리고 채색하는 방법을 따라하다 보면 어느새 그림이 완성된 것을 확인할 수 있어요.

09
황금색 길운을
집안에,
귤

● **풍수 그림에 대한 이야기**

행운을 부르는 그림 이야기를 소개합니다. 예로부터 전해오는 그림 속 이야기를 통해 지혜로운 선조들의 생각을 이해할 수 있습니다. 그림과 어울리는 액자 연출과 인테리어 포인트도 볼 수 있어요.

● **그림 도안**

스케치 작업이 어려운 독자를 위해 본문에 사용된 그림 도안을 제공합니다. 트레이싱지 또는 먹지를 이용해 선을 따라 그려보세요.

● **Gallery**

행운을 부르는 풍수 그림을 감상할 수 있는 갤러리입니다. 본인이 직접 그린 그림으로 집안을 장식해도 좋고 여기 담은 작품을 커팅 하여 장식해도 좋습니다.

차례
Contents

PART 01
사랑과 연애의 운을 주는 그림

PART 02
직업과 합격·승진의 운을 주는 그림

PART 03
재물의 운을 주는 그림

PART 04
행운×행운을 주는 그림

PART 05
가정에 행운을 주는 그림

PART 06
자손만대와 자녀의 운을 주는 그림

행운을 부르는 그림을
그리기 위한 준비물

수채화를 그리기 전에 기본으로 준비해야 할 도구에 대해 알아보겠습니다. 모든 것을 완벽하게 갖추고 그릴
필요는 없지만 도구에 대해 이해하고 사용한다면 더욱 쉽고 편리하게 그림을 그릴 수 있습니다. 도구의 쓰
임새에 대해 간략하게 알아본 후 자신에게 필요한 것들을 준비해보세요.

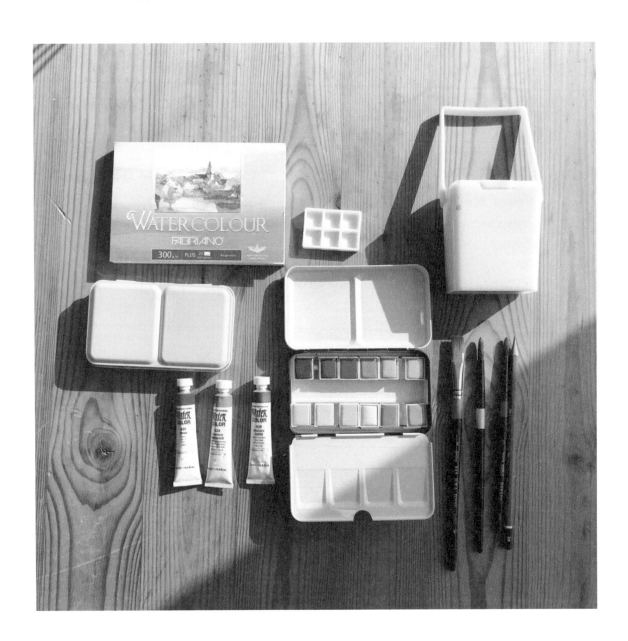

종이

종이는 앞면과 뒷면이 있습니다. 앞면과 뒷면의 차이는 촉감으로 쉽게 구분할 수 있는데, 앞면이 조금 더 매끄럽습니다. 보통 종이 앞면 한쪽 끝에 있는 워터마크 부분을 앞면으로 사용하면 됩니다.

종이 두께는 보통 200g과 300g 이상을 많이 사용합니다. 한 장의 완성된 수채화를 위해서는 두께가 있는 300g 이상의 종이로 그리는 것이 좋습니다.

종이는 결에 따라 세 가지로 구분됩니다. 종이 재질이 가장 많이 표현되어 다소 거친 느낌이 나는 황목, 중간 정도의 결로 무난하게 그릴 수 있는 중목, 종이 표면이 가장 매끄러운 세목이 있으며, 세목은 스캔 시 거친 표면의 느낌이 없어 컴퓨터 작업할 때 편합니다.

물감

물감은 기본 24가지 색을 갖추고 사용하는 것이 좋습니다. 물감도 종류가 다양하기 때문에 아무래도 고급 물감이 오랫동안 부드럽게 사용할 수 있지만, 처음 사용하는 초보자에게는 신한 전문가용 7.5mm를 추천합니다. 가격이 크게 부담되지 않으면서 발색력이 좋아 무난하게 그림을 채색할 수 있습니다.

팔레트

수채화 물감은 팔레트에 짜놓고 사용하는 것이 편리합니다. 물감을 짤 때는 안쪽부터 물감을 꾹 눌러 팔레트 한 칸을 다 채워 사용하세요. 여러 칸에 다양한 색상을 빼곡히 채운 뒤 물감을 하루 정도 말린 후 물을 섞어가며 사용합니다.

붓

붓은 배경 부분을 채색할 수 있는 큰 붓과 가장 많이 사용하는 중간 붓, 그리고 세밀한 작업에 사용하는 얇은 붓, 이렇게 세 가지 붓을 기본으로 갖추는 것이 좋습니다. 특히 초보자에게는 중간 붓은 6호, 세밀한 붓은 2호를 추천합니다.

물통

그림을 그리며 붓에 묻은 물감을 헹궈 사용하기 위해 물통이 필요합니다. 물을 담을 수 있는 통이면 어떤 것이든 상관없습니다. 물통의 물은 명확한 색상 표현을 위해 중간에 자주 깨끗하게 갈아주는 것이 중요합니다.

수건, 휴지

일반적으로 작업실에서는 수건을 자주 사용합니다. 붓에 묻은 물기를 조절할 때 수건에 붓을 닦아 색감의 농도를 조절하며, 다른 색상을 사용할 때 붓을 물에 헹군 후 수건에 닦기도 합니다. 세밀한 붓끝으로 터치가 필요할 때 살짝 닦아 붓끝을 세울 수도 있습니다. 야외에 나갈 때에는 휴지를 사용하는 것이 휴대하기 편리합니다.

연필, 지우개

연필은 H와 B로 구분합니다. H(Hard)는 단단한 정도를, B(Black)는 진한 정도를 나타냅니다. 표기된 숫자가 클수록 단단하고 진합니다. 보통 2B나 HB를 선호하는 편입니다.
지우개는 말랑한 제품을 사용하는 것이 좋습니다. 너무 딱딱한 지우개는 지울 때 종이에 손상 줄 수 있으므로 부드럽게 지울 수 있는 제품을 고르세요.

마스킹 용액

마스킹 용액은 채색하고 싶지 않은 곳을 막아주는 고무 용액입니다. 채색 전 마스킹 용액을 미리 발라 해당 부분은 채색되지 않도록 보호합니다. 특히 디테일한 표현을 할 때 유용하게 사용할 수 있습니다. 붓으로 마스킹 용액을 바르면 붓끝이 손상될 수 있으니 유의해서 마스킹용 붓을 따로 사용하거나 붓 손잡이 부분을 이용해 바르는 것이 좋습니다. 마스킹 용액을 바른 후에는 마를 때까지 기다렸다가 채색을 시작합니다.

수채화 기법을 통해
색 만들기

본격적으로 그림을 그리기 전에 수채화 기법에 대해 알아보겠습니다. 물의 번짐에 따라 색상이 어떻게 달라지고, 색상의 혼합을 통해 그러데이션이 이루어지는 과정을 살펴봅니다. 수채화에서 가장 중요한 것은 물의 쓰임새입니다. 물 사용을 통해 다양한 효과를 배우고 색을 만들어보세요.

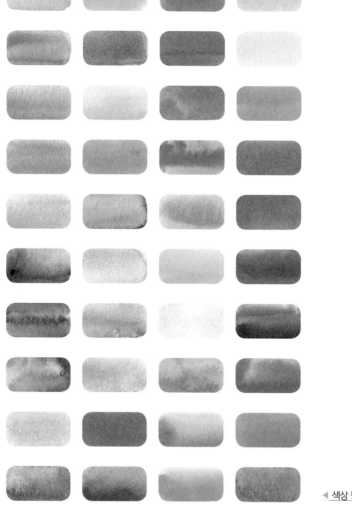

◀ 색상 팔레트를 통해 색감 체크하기

물의 농도에 따른 색상 변화

수채화 물감은 물의 양에 따라 한 가지 색상을 다양한 느낌으로 연출할 수 있습니다. 물감에 물이 적게 묻어 있을 때는 물감 본연의 진한 색을 표현할 수 있으며, 붓에 물을 많이 적신 후 물감을 섞으면 연한 색을 만들 수 있습니다. 원근감을 표현할 때에도 진하고, 연하기에 따라 쉽게 표현이 가능합니다.

▲ 색상에 따른 그러데이션 효과

6단계 색상 변화

수채화를 채색할 때는 물의 양 조절이 가장 중요합니다. 수채화를 잘 그리는 사람들의 특징은 농담 조절을 잘합니다. 가까이 있는 사물을 표현할 때는 물을 적게 섞어 명확한 표현을 위해 불투명한 느낌의 색상으로 채색합니다. 반대로 멀리 있는 사물을 표현할 때는 선명하게 보이지 않기 때문에 물을 많이 섞어 표현을 간소화합니다. 그 외에도 물의 느낌을 많이 이용할수록 맑고 투명한 색상으로 경쾌함을 살릴 수 있습니다. 본문에서는 주로 물을 적절하게 이용한 3단계에서 6단계로 표현했습니다.

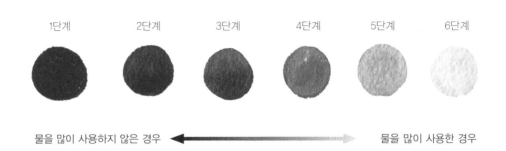

자연스러운 그러데이션 표현

두 가지 색상으로 그러데이션을 표현하기는 쉽습니다. 그러데이션을 표현할 때는 물감과 물의 양이 모두 많아야 자연스럽게 다른 색상으로 스며들 수 있습니다. 먼저 한 가지 색상을 물과 물감을 진하게 발라 종이에 그리고 물이 마르기 전에 물과 물감을 충분히 묻힌 붓으로 다른 색상을 칠해 아래에 문지릅니다. 처음에 바른 색상과 이후에 바른 색상이 자연스럽게 섞여 색이 번지는 것을 볼 수 있습니다.

주황색과 빨간색   노란색과 녹색   파란색과 보라색
그러데이션   그러데이션   그러데이션

이런 방식으로 그러데이션을 표현하다 보면 얼룩이 생기기도 합니다. 물감 혼합으로 생기는 얼룩은 수채화만이 가질 수 있는 매력이기도 합니다. 만약 얼룩을 없애려면 물을 묻힌 붓으로 살살 문지르면 됩니다.

그러데이션 연습

기본 색상   기본 색상+물이 마르기 전에   기본 색상+물이 다 마른 뒤에
                        다른 색으로 칠하면 그림처럼   다른색으로 칠하면 색과 색 사
                        자연스럽게 번진다.   이에 선명한 경계가 생긴다.

● 여러 번 채색한 경우라도 깨끗한 붓에 물을 묻혀 경계 사이를
   문지르면 그러데이션 효과를 쉽게 낼 수 있다.

색상 단계에 따른 음영 표현하기

색상의 깊이감을 표현하기 위해서는 단계적인 색상의 음영이 필요합니다. 예를 들어, 오렌지를 표현하고 싶을 때도 오렌지 표면에 빛을 받는 가장 밝은 오렌지색, 중간색, 그림자 부분을 표현하는 좀 더 어두운 붉은색 순서로 빛의 각도에 따라서 밋밋한 그림을 입체감 있게 변화시킬 수 있습니다. 물체에 따라 음영의 색상을 표현하는 방법은 다르지만 오렌지색에 적색을 섞거나, 붉은색에 파란색을 섞거나, 연두색에 녹색을 더욱 섞어 다양하고 풍부한 색을 표현할 수 있습니다.

● 노란색＋붉은색＝오렌지색 〉 붉은색 농도를 통해 음영의 단계 표현

● 붉은색＋청색＝자주색 〉 청색 농도를 통해 음영의 단계 표현

● 노란색＋녹색＝연두색 〉 녹색 농도를 통해 음영의 단계 표현

색 닦아내기

이미 완성된 그림 중 물기가 마른 부분을 깨끗하게 씻어 물기를 덜어낸 붓끝으로 닦아내면 역광이나 하이라이트 표현 또는 색을 덜어내기가 가능해집니다.

종이에 색을 칠한 후 색이 마르기를 기다립니다.

깨끗하게 씻어 물기를 덜어낸 붓으로 닦아내고 싶은 부분을 닦아냅니다. 너무 세게 문지르면 종이가 일어날 수 있어 조심해서 살짝 닦아냅니다.

물의 농도와 색상 혼합으로 다양한 나뭇잎 만들기

간단하게 나뭇잎 채색하기

❶ 나뭇잎 전체를 연두색으로 칠합니다.

❷ 물감이 마르기 전에 나뭇잎 가장 자리에 진한 초록색을 채색합니다.

❸ 같은 방법으로 중간에 물기가 마르기 전 청록색으로 칠합니다.

❹ 붓으로 색상 경계를 자연스럽게 폅니다.

녹색 계열을 가지고 다양한 나뭇잎을 표현했습니다. 앞서 배운 물의 양과 색 농도에 따라 다른 표현이 가능하며, 색과 색의 그러데이션을 통해서도 다양한 나뭇잎 표현이 가능합니다. 색의 단계적인 혼합을 통해서도 같은 녹색이지만 기법을 통해 디테일한 변화를 나타낼 수 있습니다.

◀ 다양하게 나뭇잎 표현하기

기본 연습을 했다면 이제부터 본격적으로 그림을 그려봅니다. 처음에는 서툴고 어색할 수 있지만 계속해서 그리고 채색하다 보면 금방 적응하여 나만의 의미 있는 그림을 완성해 나갈 수 있을 것입니다. 완벽하게 똑같이 따라 할 필요는 없습니다. 같은 색, 같은 방향을 채색해도 다르게 표현되는 게 수채화의 매력이니까요.

누구나 쉽게 따라 할 수 있는
색연필 그리기

이 책은 수채화를 기본으로 다루고 있지만, 색연필로도 얼마든지 나만의 감성으로 멋진 그림을 그릴 수 있습니다. 어릴 때부터 익숙하게 손에 쥐고 쓱쓱 그려가던 도구라 누구든 부담 없이 사용할 수 있다는 장점이 있지요. 종이와 색연필만 있으면 언제 어디서나 작업할 수 있으며 수채화와 또 다른 아날로그적인 감성 표현이 가능합니다. 삐뚤빼뚤하더라도 자신감을 가지고 색연필을 선택해 그려보는 건 어떨까요?

힘의 강약 조절

손의 힘에 따라 다양한 굵기와 진하기를 표현할 수 있습니다. 그림을 한결같은 굵기와 진하기로 표현하면 밋밋해 보일 수 있으니 다양한 표현을 위해 손의 힘에 따라 강약을 조절하는 연습이 필요합니다.

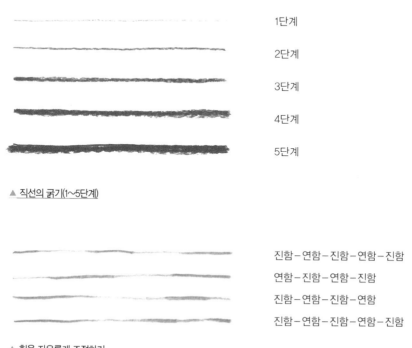

1단계

2단계

3단계

4단계

5단계

▲ 직선의 굵기(1~5단계)

진함-연함-진함-연함-진함

연함-진함-연함-진함

진함-연함-진함-연함

진함-연함-진함-연함-진함

▲ 힘을 자유롭게 조절하기

비교하면서 그리기

왼쪽 그림은 손에 힘을 빼고 약하게 그린 그림이고, 오른쪽 그림은 손에 힘을 더 주고 진하게 그린 그림입니다. 원하는 느낌으로 의도해 그리세요.

색연필의 농도 표현

손끝의 힘을 조절하며 농도 연습을 하겠습니다. 손끝에 힘을 빼고 연하게 칠하면서 조금 더 힘을 주어 진하게, 더 세게 힘을 주어 가장 진하게 표현해 봅니다.

명암 표현하기

● 1단계 : 연한 색 칠하기   ● 2단계 : 진한 색 칠하기   ● 3단계 : 중간색 칠하기

그러데이션 표현

한 가지 색으로 가장 연한 부분부터 가장 진한 색이 나올 때까지 연결해 색을 칠하는 연습을 합니다. 손에 힘을 차츰차츰 주면서 색의 진하기를 올리세요.

두 가지 색의 혼합

색연필의 색상이 많이 없을 때는 두 가지 색을 혼합해서 사용할 수 있습니다. 두 가지 색을 섞을 때는 연한 색을 먼저 칠한 다음 진한 색을 겹쳐 칠하는 것이 좋습니다. 진한 색을 먼저 칠하고 연한 색을 칠하면 색이 잘 표현되지 않는 경우가 있으니 유의해서 색을 혼합하여 사용하세요.

나만의 그림으로
완성하기

스케치북에 내가 원하던 그림을 하나둘씩 그려나간다면 정말 뿌듯하겠지요? 수채화로 그리다가 특별한 날에는 색연필로 그려 선물하는 것도 좋습니다. 의미를 담은 그림이라 정성스럽게 완성된 그림은 상대에게 더 큰 메시지를 전달할 수 있을 거예요.

수채화에서 색연필로

수채화에서는 물이 스케치북에 스며드는 느낌이 있었다면 색연필은 채색하면서 종이 질감이 그대로 표현되는 것을 느끼기 때문에 더 감성적이라 할 수 있습니다. 수채화와 색연필 그림을 상호보완적으로 비교해보며 원하는 방향으로 그림을 완성해보세요.

● 수채화 채색   ● 색연필 채색

사랑과 연애의
운을 주는 그림

빅토르 위고는 "인생에서 최고의 행복은 사랑받고 있다는 확신이다."라고
했습니다. 사랑은 우리의 삶을 풍요롭게 하며 힘들고 어려울 때 지탱해주는
힘이 됩니다. 부귀화라고 불리는 왕의 꽃 모란, 꽃 사이에 다정한 한 쌍의
새, 꽃과 함께 노니는 화조도로 사랑하는 사람, 소중한 가족, 친구에게 마
음을 표현하는 것은 어떨까요?

● 오페라(Opera)　● 퍼머넌트 레드(Permanent Red)　● 퍼머넌트 로즈(Permanent Rose)

● 로즈 매더 라이트(Rose Madder Light)　○ 레몬 옐로(Lemon Yellow)　● 퍼너먼트 옐로 딥(Permanent Yellow Deep)

01

봄에 만나는
부귀화
모란

모란은 모양이 풍염(豊艶)하고 품위와 위엄이 있어 부귀화라고 불렸습니다. 화려하기 그지없는 모란은 이러한 상징과 잘 어울립니다. 또한 꽃 중의 제일로 여겨져 왕의 꽃이라고 하여 왕의 옷과 병풍 등에 장식하였고, 궁궐 가운데 정원에 심었을 정도로 귀하게 여겼다고 합니다.

옛사람들은 모란의 꽃과 잎이 아름답고 풍성하게 피어나면 길상의 표현이라 보았고 복된 일이 다가오리라 생각했습니다. 그래서 모란꽃을 그릴 때는 항상 화려하고 흐드러지듯 표현했습니다.

만개한 모란 그림을 그려 거실에 담아 봅시다. 붉고 화려한 모란 그림이 가족의 화목과 부귀, 안녕을 줄 거예요.

01 연한 색 위로 스케치 선이 보이지 않게 알아볼 수 있을 정도만 남겨두고 살짝 지웁니다.

02 빛을 받지 않는 꽃잎의 안쪽을 진한 색으로 칠합니다.

03 바깥쪽으로 갈수록 연한 색으로 칠합니다.

04 면적이 넓은 꽃잎은 번짐 효과를 이용해서 표현하면 맑은 수채화 느낌이 나면서 꽃잎의 양감도 잘 표현할 수 있습니다.

05 안쪽 꽃잎을 다 칠했다면 꽃잎의 밝은 면을 칠합니다. 중간 부분은 진하게, 바깥쪽으로 갈수록 연하게 칠합니다.

06 나머지 꽃잎들도 같은 방법으로 칠합니다.

07 이번에는 꽃의 수술을 칠할 차례입니다. 노란 색으로 밑색을 칠합니다.

08 밑색이 완전히 마른 후 어두운 부분을 찾으 면서 수술 모양을 잡아 줍니다.

09 흰색 물감으로 밝은 부분을 표시합니다.

10 우아한 모란꽃 완성!

레몬 옐로(Lemon Yellow)　　●퍼머넌트 옐로 딥(Permanent Yellow Deep)　　●카드뮴 옐로 오렌지(Cadmium Yellow Orange)

●퍼머넌트 옐로 오렌지 (Permanent Yellow Orange)　　퍼머넌트 그린(Permanent Green)　　●후커스 그린(Hooker's Green)

●비리디언 휴(Viridian Hue)

02

한 쌍의 새처럼
다정하게 살아가기를,
화조도

꽃과 새를 잘 어우러지게 그린 그림을 화조도라고 합니다. 흐드러지게 핀 꽃 사이에 다정한 두 마리 새는 부부 금실을 좋게 하고 따뜻한 가정을 기원합니다. 특히 전통 병풍 중에는 다른 주제보다 유독 꽃과 새가 묘사된 것이 많은데, 단란한 부부생활을 염원하고 본보기 구실을 했기 때문일 것입니다.
풍수지리에서는 침실과 같은 중요한 공간에 거는 액자나 그림은 재운, 명예운과 큰 관련이 있다고 보는데, 노란색 그림은 금전운을 높이는 데 도움이 됩니다. 노란색 꽃과 새 그림으로 따뜻하고 상냥한 분위기를 연출해 봅시다.

01 붓에 깨끗한 물을 묻혀 새 형태대로 바르고
마르기 전에 노란색 물감을 덧칠합니다. 이것
은 자국이 남지 않도록 밑색을 칠하는 역할을
합니다. 머리 쪽은 농도가 더 진한 색으로 번
지듯이 덧칠합니다.

02 완벽하게 마른 후 오렌지색과 레몬색을 섞은
중간 톤을 새의 배 부분을 제외한 머리와 날
개, 꼬리까지 칠합니다.

03 물감이 마르기 전에 오렌지색 물감을 머리와
부리, 날개 쪽에 칠해 입체감을 줍니다.

04 다른 한 마리도 같은 방법으로 밑색을 깔아
줍니다. 입체감을 더하려는 부위에 농도를
짙게 깔면 더 자연스럽게 표현됩니다.

05 물감이 마른 후 머리와 날개 쪽에 오렌지색으
로 칠해 입체감을 줍니다.

06 물감이 완전히 마르면 날개와 꼬리 부분에 더 진한 농도의 오렌지색을 덧칠합니다.

07 깃털을 표현하기 위해 단계적으로 진한 색을 칠합니다. 꼬리 부분에도 음영을 주어 덧칠합니다. 갈색으로 다리 부분과 부리도 표현합니다. 부리 아래를 더 진한 색으로 칠해 입체감을 줍니다.

08 진한 갈색으로 눈 부분을 칠합니다. 같은 색으로 다리 부분에도 음영을 표현합니다.
처음과 끝부분을 진하게 칠하면 입체감이 있어 보입니다.

09 연두색 물감으로 나뭇잎의 밑색을 칠합니다. 농도가 진한 색으로 칠하되, 마르기 전 더 진한 초록색으로 그러데이션을 표현합니다.

10 같은 방법으로 나머지 나뭇잎을 칠합니다. 붓 끝으로 나뭇잎들을 연결합니다.

11 새를 칠한 것과 같은 노란색으로 꽃을 칠합니다. 밑색으로 연하게 칠한 다음 마르기 전 농도가 더 진한 색으로 점을 찍듯이 찍어 입체감을 줍니다.

12 같은 방법으로 다른 꽃들을 칠합니다. 마르기 전 그러데이션을 표현하면서 수채화 느낌을 살립니다.

13 꽃들을 완성한 후 아래쪽 나뭇잎들은 윗부분보다 밝은 연두색으로 칠합니다.

14 나뭇가지를 칠합니다. 위에서 아래로 더 진한 색이 되도록 칠합니다. 나뭇가지보다 꽃 색이 더 연하므로 꽃을 먼저 칠하는 것이 좋습니다. 연한 색 위에 진한 색을 덮어야 번지거나 실수하더라도 수정할 수 있기 때문입니다.

15 갈색으로 꽃의 수술 부분을 표현합니다. 붓 끝을 잡고 연필로 그리듯이 칠하면 쉽게 표현할 수 있습니다.

16 따뜻하고 상냥한 화조도 완성!

● 오페라(Opera)　　● 피미넌트 로즈(Permanent Rose)　　● 퍼머넌트 레드(Permanent Red)　　● 로즈 매더 라이트(Rose Madder Light)

● 크림슨 레이크(Crimson Lake)　　● 레몬 옐로(Lemon Yellow)　　● 퍼머먼트 옐로 딥(Permanent Yellow Deep)

● 라이트 레드(Light Red)　　● 퍼머넌트 그린(Permanent Green)　　● 후커스 그린(Hooker's Green)　　● 비리디언 휴(Viridian Hue)

03

행운과 화목을
부르는
화접도

꽃과 나비를 의미하는 화접도는 신혼부부 침실에 잘 어울리는 소재입니다. 옛날에는 혼례를 마친 신랑, 신부가 첫날밤을 보내는 방에 화접도 병풍을 장식하기도 했습니다. 함께 그려지는 한 쌍의 나비는 금실 좋은 부부를 상징합니다. 특히 나비는 행운이나 길상의 의미가 있어 혼수품에 자주 그려지기도 했습니다. 옛날에 한 젊은이가 나비를 잡으려고 따라갔다가 어느 대갓집 뜰에 뛰어들면서, 그곳에서 인연이 시작되었다는 이야기 또한 나비가 뜻하는 연애와 행복의 상징에 힘을 실어줍니다.

또한 나비 접(蝶)과 팔십을 뜻하는 중국의 늙은이 질(耋)의 발음이 같아 장수의 의미를 가지며, 나비의 성장은 애벌레 시기를 거쳐 전혀 다른 모습으로 변화하는 신비로운 과정을 거칩니다. 이 같은 특징으로 인해 성장과 발전, 부귀를 뜻하기도 합니다.

화려하게 핀 장미꽃과 작약 주변을 자유롭게 노니는 한 쌍의 나비 그림으로 기쁨과 사랑, 부부간의 화목을 불러올 수 있도록 연출해 봅시다.

01 가장 밝은 부분이 될 꽃잎부터 색을 칠합니다.

02 옅은 농도의 물감을 넉넉히 칠하고 안쪽에는 진한 농도의 물감을 번지듯이 칠하면 자연스러운 음영 효과를 얻을 수 있습니다.

03 꽃잎 하나하나를 같은 방법으로 그립니다.

04 안쪽으로 갈수록 조금 더 진한 음영을 넣어줍니다.

05 꽃잎 밑 작업이 끝난 후 전체적으로 어두운 부분을 찾아 덧칠해서 입체감을 줍니다.

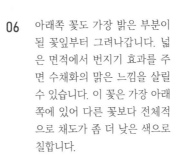

06 아래쪽 꽃도 가장 밝은 부분이 될 꽃잎부터 그려나갑니다. 넓은 면적에서 번지기 효과를 주면 수채화의 맑은 느낌을 살릴 수 있습니다. 이 꽃은 가장 아래쪽에 있어 다른 꽃보다 전체적으로 채도가 좀 더 낮은 색으로 칠합니다.

07 나머지 면적에 매우 옅은 농도로 밑 작업을 합니다. 꽃잎 안쪽에는 물감의 농도를 진하게 해 밑 작업 자체에서도 입체감을 줄 수 있습니다.

08 물감이 바싹 마른 다음 꽃잎의 안쪽을 어두운색으로 덧칠합니다.

09 나머지 꽃잎을 중간색으로 칠하고, 가장 어두운색으로 꽃잎 안쪽을 덧칠합니다.

10 꽃 전체에 깨끗한 물을 바르고 연한 빨간색으로 톡톡 두드리듯이 색을 표현해서 밑 작업을 합니다.

11 꽃잎 색을 칠한 다음 꽃잎 안쪽은 물감이 마르기 전에 진하고 조금 어두운색으로 자연스럽게 연결합니다.

12 나머지 꽃잎도 같은 방법으로 칠합니다.

13 꽃잎들의 안쪽을 어두운색으로 점을 찍듯이 표현하면 쉽게 입체감을 나타낼 수 있습니다. 나머지 꽃망울도 밑색을 칠하고 줄기 부분은 빛을 덜 받는 부분이므로 진하고 어두운색으로 음영을 표현합니다.

14 오른쪽 아랫부분의 꽃도 다른 꽃들과 같은 방법으로 밑색을 칠합니다.

15 밑색이 바싹 마른 후 입체감을 주기 위해 꽃잎 아랫부분을 진한 색으로 덧칠합니다.

16 갈색을 섞은 가장 진한 색으로 꽃잎 사이사이를 메꿉니다. 나머지 꽃망울도 칠합니다.

17 가지를 칠합니다. 밑색을 칠한 다음 꽃과 꽃 사이의 그림자를 표현하면 입체감을 줄 수 있습니다.

18 나머지 가지와 나뭇잎들도 같은 방법으로 마무리합니다.

19 나비를 묽은 노란색으로 칠합니다.

20 물감이 완전히 마른 후 붓끝을 연필 잡듯이 하여 나비의 몸통과 날개 무늬를 얇은 선으로 표현합니다.

21 화목을 부르는 화접도 완성!

직업과 합격·승진의
운을 주는 그림

성공이란, 부귀와 영광뿐만 아니라 그 속에서 가치와 의미를 배우는 과정일
것입니다. 오늘 하루 열심히 살아낸 모든 삶을 응원합니다. 어려운 환경 속
에서도 결국은 성공을 이뤄내는 기사회생의 정신을 표현한 파초도, 관운과
백만 가지 봉록을 의미하는 흰 사슴 그림, 존경을 상징하는 수선화 그림으
로 끝없이 노력해 온 것들이 헛되지 않도록 마음을 더해 봅시다.

04

기사회생의 상징, 시원한 잎사귀가 돋보이는 파초도

파초는 다년생 식물로 푸른 잎이 시원스럽고 넓은 아름다운 식물입니다. 옛사람들은 겨울에는 마른 것처럼 보이다가도 이듬해 봄이 오면 새순이 돋아나 어느새 푸른 잎을 시원스럽게 뽐내는 파초를 기사회생(起死回生)의 상징으로 여겼다고 합니다. 특히 조선의 문인들은 파초가 불에 탔더라도 속심이 죽지 않으면 다시 살아나는 강인한 생명력을 아끼고 사랑하여 많은 글을 남기기도 했습니다. 정조(正祖) 또한 끊임없이 새로운 잎사귀를 틔워 내는 파초를 소재로 그림을 그렸을 정도입니다. "군자는 하늘을 따라서 스스로 굳세지고자 노력하면 쉬지 않는다(君子以自强不息)"는 가르침의 표본을 그린 셈입니다.

파초는 마치 바나나 잎처럼 잎이 넓어 부귀(富貴)를 상징하기도 하는데, 여름이면 넓은 잎사귀에 떨어지는 빗소리를 즐기기도 했다고 합니다.

활기를 띄워야 하는 거실에 생명력 넘치는 파초도 그림을 걸어두면 어떨까요? 선인(仙人)의 풍취를 즐겼던 옛사람들처럼 밋밋한 벽면에 복을 부르는 기운찬 그림으로 하루를 시작할 수 있도록 해 봅시다.

● 퍼머넌트 그린(Permanent Green)　● 샙 그린(Sap Green)　● 후커스 그린(Hooker's Green)　● 비리디언 휴(Viridian Hue)
● 울트라마린(Ultramarine)　● 인디고(Indigo)

01 연한 연두색으로 밑색을 칠한 다음 완전히 마르면 더 진한 색으로 색을 올려가며 잎사귀를 칠합니다.

02 마찬가지로 농도가 묽은 연두색으로 밑색을 칠합니다. 밝은 부분은 되도록 남겨 놓습니다.

03 밑색이 완전히 마른 후 더 진한 색으로 덧칠합니다.

04 반대편 잎사귀는 밝은 연두색으로 칠합니다.

05 왼쪽 윗부분의 잎사귀는 빛을 받는 반대편이므로 진한 색으로 칠합니다. 단색으로 칠하면 밋밋할 수 있어 아래로 갈수록 진하고, 청색을 섞은 색으로 이어지듯 칠합니다.

06 잎사귀가 꺾이는 부분을 어두 운색으로 덧칠하여 입체감을 줍니다.

07 가장 앞쪽 잎사귀도 밝은 연두 색으로 칠합니다. 가장 가까이 에 있으니 가장 밝게 칠합니다.

08 앞쪽 잎사귀 뒷부분은 더 진한 초록색으로 칠합니다.

09 왼쪽 윗부분 나뭇잎도 뒷부분이므로 진한 초록색으로 칠합니다. 단조롭지 않도록 위쪽부터 서서히 진한 색으로 연결하듯이 칠합니다.

10 물감이 마르기 전 푸른색이 섞인 초록색을 가장 어두운 부분에 칠합니다. 맨 아랫부분 잎사귀도 어두운색으로 칠합니다. 푸른색을 더해 다양한 색감을 표현합니다.

11 밝은 연두색으로 가장 큰 잎사귀의 접힌 부분을 밝은색으로 칠합니다.

12 가장 큰 잎사귀에서 접힌 부분의 나머지 부분에는 조금 진한 색으로 칠합니다. 같은 색으로 줄기 부분도 칠합니다.

13 왼쪽 윗부분 잎도 밝은색으로
칠합니다. 어두운색과 대비를
이룰수록 좋습니다.

14 나머지 잎사귀들을 연한 농도
의 초록색으로 칠합니다.

15 잎사귀 채색 작업이 모두 끝나
면 잎맥을 묘사합니다. 밝은 부
분부터 결을 따라 선으로 그립
니다.

16 어두운 부분 잎맥도 결을 따라 그립니다.

17 생명력 넘치는 파초도 완성!

Good Luck to you

The more you draw,
the better things happen to me.

05

관운과
성공을 뜻하는
흰 사슴

사슴은 십장생 중 하나로 장수, 복록을 상징합니다. 사슴을 뜻하는 한자는 관리들이 나라로부터 받는 봉급인 '녹'과 발음이 같아 나라의 벼슬을 의미합니다. 특히 흰 사슴은 한자로 '백록'이라고 하는데, 일백 백(百)에 사슴 록(鹿)은 벼슬 록(祿)으로 해석해 백록(福祿), 백 가지 벼슬을 취해 온갖 복록을 가진다는 뜻이 됩니다. 즉, 번영, 성공, 재산, 기쁨 등 인생에서 누릴 수 있는 모든 성공과 행복을 기원하는 의미가 담겨있습니다.

백호처럼 흰 사슴 또한 신록이라 하여 신성하고 길한 징조로 여겨져 왔습니다. 사슴뿔은 나뭇가지 모양을 하고 돋아났다가 나시 돋아나는 나무의 순환과 같아 장생과 영생을 상징하기도 합니다.

나라의 시험을 준비하거나 관운이 필요한 사람에게 정성을 담은 흰 사슴 그림을 선물해 봅시다. 복록을 바라는 마음과 함께 그림의 의미를 함께 이야기해준다면 더욱 뜻깊은 선물이 될 수 있을 것입니다.

01 수풀 배경을 하늘색으로 칠합니다. 진하게 꽉 채우기보다 적절히 농도를 조절하면서 칠하면 답답해 보이지 않습니다.

02 뒤쪽 배경의 수풀을 청색으로 칠합니다.

03 뒤쪽 배경의 나무도 각각 하늘색, 청색으로 칠합니다. 먼저 테두리를 그리고 안을 채워나가면 깔끔하게 칠할 수 있습니다.

04 연한 농도의 청색으로 나무 기둥을 칠합니다.

05 왼쪽 나뭇잎은 하늘색으로 칠합니다. 번짐 효과를 적절하게 이용해 칠합니다.

06 왼쪽 뒷부분 나무 기둥에도 연한 농도의 청색을 칠합니다.

07 뒷배경을 칠하기 위해 깨끗한 물을 배경에 살짝 바른 다음 농도를 매우 연하게 한 하늘 색으로 번지기 효과를 이용하여 밑색을 깔아 줍니다.

08 배경과 사슴의 경계를 이전 과정보다 진한 농 도의 하늘색으로 그린 다음, 배경 쪽으로 그 러데이션 효과를 주며 칠합니다.

09 청색과 남색을 섞어서 배경에 덧칠합니다. 번짐 효과를 이용하여 은은하게 색을 올립니다.

10 사슴뿔 주변을 중심으로 원근감을 주도록 남 색을 덧칠합니다.

11 배경에 대각선으로 남색을 덧칠합니다.

12 금분의 접착력을 높이기 위해 아교와 섞습니다. 섞은 금분을 붓끝에 찍어 배경에 칠합니다.

13 나뭇가지와 뒷배경에 금분을 바릅니다. 배경의 금분은 문질러 은은하게 퍼지도록 합니다.

14 성공과 행복을 기원하는 흰 사슴 완성!

● 아이보리 블랙(Ivory Black)　　○ 레몬 옐로(Lemon Yellow)　　● 페머넌트 옐로 라이트(Permanent Yellow Light)　　● 비리디언(Viridan)

● 퍼머넌트 옐로 딥(Permanent Yellow Deep)　　● 카드뮴 옐로 오렌지(Cadmium Yellow Orange)　　● 셀룰리언 블루(Cerulean Blue)

● 퍼머넌트 옐로 오렌지(Permanent Yellow Orange)　　● 반다이크 브라운(Vandike Brown)　　● 올리브 그린(Olive Green)

06

연모와 존경의
꽃 이름
수선화

책가도에 자주 등장했던 재미있는 물건 중 하나는
바로 수선화입니다. 우리나라에서도 자라지 않는
귀한 꽃이었기 때문에 조선 시대에는 중국에 다녀
오는 사람에게 알뿌리를 얻어 키울 만큼 귀한 꽃이
었습니다.

수선화의 '선'은 신선과 발음이 같아 신선을 연상시
켜 고귀함을 의미하였다고 합니다. 또한 책가도에
자주 등장할 정도로 문인들에게 사랑받은 꽃이었
습니다. 그 이유는 수선화의 고귀한 자태가 문인들
이 가져야 할, 가지고 싶은 정신적 덕목을 닮았기
때문이었습니다. 조선 시대 문인들은 자신이 갖춰
야 할 덕목의 대상을 수선화에 비추어 책가도 소재
로 이용하기도 했고, 수선화와 같은 사람을 연모하
고 존경하는 의미에서 선물하기도 했다고 합니다.

아름다움은 물론이거니와 추운 겨울을 이기고 꽃을
피우는 고고한 정신을 담은 수선화를 그려볼까요?

01 먼저 마스킹 테이프로 수선화의 수술을 채웁니다. 물감이 칠해지지 않도록 하는 보조 장치입니다.

02 붓에 물을 묻힌 연한 회색으로 수선화의 흰색 꽃잎을 표현합니다. 꽃잎이 마르기 전 붓에 연한 노란색을 묻혀 꽃잎 중간에 살짝 칠하면 회색과 함께 자연스럽게 섞여 더욱 화사해집니다.

03 꽃잎의 물감이 마르는 동안 반대편 꽃잎도 칠합니다. 꽃잎의 결을 표현하기 위해 흰색 여백을 남기고, 회색의 농도를 진하게 한 다음 꽃잎의 결에 세로로 붓자국을 내어 표현해 보세요.

04 나머지 꽃잎도 같은 방법으로 색을 칠합니다.

05 깨끗이 씻은 붓에 밝은 노란색을 묻혀 이중구조를 가진 수선화의 화관을 칠합니다. 빛을 많이 받는 부분을 고려하여 칠합니다.

06 앞서 칠한 노란색보다 조금 더 진한 노란색으로 화관을 칠합니다. 붓을 세로로 칠하며 밝은 노란색과 자연스럽게 연결되도록 중간 톤을 칠합니다.

07 오렌지색에 가까운 노란색으로 화관의 음영을 표현합니다. 수술 안쪽은 어두운 오렌지색으로 칠하며 입체감을 표현합니다.

08 밝은 갈색으로 화관의 안쪽 음
영을 더욱 강하게 표현합니다.
동시에 작은 붓을 세워 결을 만
들어 채색의 디테일을 높입
니다.

09 수술에 붙어있는 마스킹 테이프
를 제거합니다.

10 연한 레몬색으로 수술 부분을
채색합니다.

11 붓에 초록색을 묻혀 줄기를 칠
합니다. 위에서부터 물감 농도
를 조절하며 자연스럽게 아래
로 채색합니다.

12 줄기를 그릴 때는 꽃 바로 아래
에 그림자가 생기므로 어두운
초록색으로 찍어서 음영을 표
현하면 색감이 더욱 풍부해집
니다.

13 줄기의 물감이 마르면 잎을 칠
합니다. 수선화의 긴 잎을 밝은
녹색으로 채우고 중간중간 짙
은 초록색으로 찍어 잎 표면 굴
곡의 변화를 표현합니다.

14 바로 옆에 겹치는 잎은 더 어두운 초록색으로 칠합니다. 잎이 말려 올라간 가장자리는 밝은 녹색으로 칠해 마무리합니다.

15 길쭉한 수선화 줄기에도 밝은 색, 중간색, 짙은 색이 느껴지도록 색 농도를 다르게 칠하면 자연스러운 명암이 표현됩니다.

16 고귀한 자태의 수선화 완성!

07

출세와
합격의 상징
책가도

책가도란 조선 후기에 유행했던 그림의 한 종류입니다. 조선 초기에는 왕실이나 권세가 높은 양반집에서만 볼 수 있었지만 이후로 점차 무명 화가들에 의해 그려져 일반 가정집이나 공부방, 사랑방에 그려두었던 그림이며 공부를 하는 서생이 있는 집이라면 빠질 수 없는 필수품이었습니다.

처음으로 책가도를 생각하여 그림을 주문한 사람은 '정조'였습니다. 책을 너무 사랑했던 정조는 정사를 돌보느라 책을 읽을 시간이 없을 때 마음에 드는 책가도를 자신의 옥좌 뒤에 세워 놓고 독서에 대한 갈증을 풀었다고 합니다.

책가도는 학문과 학덕을 쌓기 위해 애쓰는 문인들의 소망이 듬뿍 담긴 민화이자 '출세'의 상징으로 여겨왔습니다. 특히 열심히 공부하여 급제하는 것이 유일한 출셋길이었던 조선 시대에는 평범한 사람들의 소망이 담긴 그림으로 사랑받았으며 현재에 이르러서는 '합격', '승진'이라는 의미로 사랑받고 있습니다. 민화에서 점차 발전되어 현대적으로 해석된 책가도는 어떤 느낌일지 한번 그려보겠습니다.

퍼너먼트 옐로 딥(Permanent Yellow Deep)   셀룰리언 블루(Cerulean Blue)   오페라(Opera)   샙 그린(Sap Green)

프러시안 블루(Prussian Blue)   블랙(Black)   로 엄버(Raw Umber)   퍼머넌트 레드(Permanent Red)   비리디언(Viridan)

올리브 그린(Olive Green)   퍼머넌트 바이올렛(Permanent Violet)   퍼머넌트 옐로 오렌지(Permanent Yellow Orange)

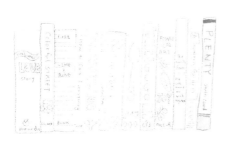

01 맨 오른쪽 책부터 채색해 나가겠습니다. 깨끗한 붓에 노란색 물감을 묻혀 책등을 칠하고, 오렌지색과 연두색으로 가로 선도 칠합니다.

02 다음 책은 먼저 붉은색으로 안쪽 사각형을 칠합니다. 파란색으로 나머지 영역을 채웁니다.

03 파란색에 물을 적당히 섞어 연하게 발색하는 부분과 진하게 발색하는 부분을 고루 퍼지듯이 칠합니다.

04 이어서 두 권의 책도 색에 물을 많이 섞어 연하게 책등을 채색합니다.

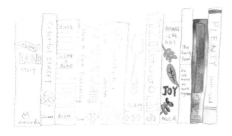

05 작은 붓을 이용해 책등의 나뭇잎은 밝은 녹색으로, 글자는 남색으로 문양에 색을 채웁니다.

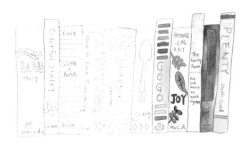

06 다음 책의 배경은 노란색으로, 책등에 있는 여러 가지 사각형 무늬는 다양한 색으로 화려하게 표현합니다.

07 숟가락 모양의 책등은 먼저 숟가락 형태를 회색으로 채웁니다. 같은 색으로 아래쪽 다이아몬드도 칠합니다. 황토색으로는 책등 배경을 채우며 붉은색으로 아래쪽을 칠합니다.

08 다음 책은 위아래로 스트라이프가 있는 화려한 책이므로 녹색과 보라색을 이용하여 사선 스트라이프를 채웁니다.

09 붉은색으로 책등을 채웁니다.

10 왼쪽에서 다섯 번째 책은 오렌지색에 물을 많이 섞어 책등의 밑색을 칠하고, 작은 붓을 세워 갈색으로 글자색을 칠합니다.

11 아래쪽 사각형 배경은 분홍색, 비행기 형태는 파란색, 스트라이프는 회색으로 칠합니다.

12 같은 방법으로 옆에 있는 책도 노란색으로 책등의 색을 채웁니다.

13 분홍색, 오렌지색, 붉은색, 레몬색, 보라색, 하늘색 등 다양한 색으로 다음 책의 책등을 채웁니다.

14 　왼쪽에서 두 번째 책은 초록색, 분홍색, 노란색, 보라색을 이용해 아래쪽 꽃을 먼저 채색합니다. 진한 다홍색으로 나머지 책등의 전체 배경색을 칠합니다.

15 　마지막 책은 노란색과 오렌지색을 이용하여 리본과 글자를 칠하고 녹색으로 책등을 채웁니다.

16 　검은색 마카 펜을 이용해 책등의 책 제목을 그리면 책가도가 완성됩니다.

17   합격과 승진의 책가도 완성!

재물의
운을 주는 그림

시인 헨리 데이비드 소로는 부유함이란 인생을 충분히 경험할 수 있는 능력
이라고 했습니다. 물질적인 것도 중요하지만, 소중한 사람들이 풍성한 삶을
살아가길 바라는 마음으로 우리는 충분히 행복할 수 있습니다.

화평을 바라는 화병도, 대길(大吉)과 풍요로움을 의미하는 귤, 재물과 성장
을 뜻하는 대나무, 노랗고 풍성한 꽃으로 인해 재운을 높인나는 해바라기
그림을 실었습니다. 마음에 드는 소재를 그리면서 '노력'에 따라올 '운'을 더
해 봅시다.

● 울트라마린(Ultramarine) ● 셀룰리안 블루(Cerulean blue) ● 코발트 블루(Cobalt Blue) ● 반다이크 브라운(Vandyke Brown)
● 버밀리언 휴(Vermilion Hue) ● 오페라(Opera) ● 샙 그린(Sap Green)

08

모든 것이
평안하기를
기원하는
화병도

화병(花瓶)은 발음이 화평(和平)과 유사하여 예로
부터 화합과 평안의 상징으로 여겨졌습니다. 또한
상대방의 평안을 기원하는 뜻으로 아름다운 화병
이나 화병이 그려진 그림을 선물하기도 했다고 합
니다.

또한 집안의 화평을 비는 의미로 집이나 건물 등
에 화병 그림을 장식했습니다.

특히 책가도(책을 소재로 한 그림)에서 자주 등장
하는 소재로 다른 기물, 꽃들과 어우러져 의미를
더욱 보강하기도 했습니다. 높은 지위를 뜻하는
공작 깃털을 꽂은 모습을 연출하여 관직에 올라
평안하라는 의미를 가지고, 장원급제를 뜻하는 살
구꽃과 함께 그리면 높은 관직에 올라 평안하기를
기원하는 뜻이 됩니다.

학업에 뜻이 있는 사람들에게 꽃이 소복하게 담긴
화병 그림에 의미를 담아 선물하면 어떨까요? 모
든 일이 평안하기를 기원하는 마음이 분명 전해질
것입니다.

01 스케치 후 밑그림을 지우개로
살짝 지웁니다. 특히 꽃 부분은
연한 색으로 칠할 예정이므로
선을 확인할 수 있을 정도로만
지웁니다.

02 화병의 입체감을 표현하기 위해
밑 작업을 합니다. 푸른색과 갈
색 물감을 섞어 검은색에 가까
운 회색을 만든 후 왼쪽 가장자
리를 연하게 칠합니다.

03 그림자 방향으로 돌아가면서
회색으로 밑색을 칠합니다. 오
른쪽이 가장 어둡기 때문에 왼
쪽에서 오른쪽으로 갈수록 어
둡게 칠합니다. 이때 가장 밝은
가운데 부분은 빼고 칠합니다.

04 밑색이 완벽하게 마른 뒤에 푸
른색 물감으로 화병의 무늬를
표현합니다. 농도가 진한 상태,
붓에 물감이 많이 묻지 않은 상
태여야 묘사하기 쉽습니다.

05 무늬의 꽃 부분도 같은 농도로
    칠합니다.

06 중간 부분 무늬는 좀 더 선명한
    (채도가 높은) 푸른색으로 칠
    합니다. 입체감을 위해 가장 어
    두운 오른쪽 무늬를 칠할 때는
    채도가 낮은 색으로 그립니다.

07 왼쪽의 밝은 부분은 가운데보다
    농도를 연하게 칠해 도자기의 둥
    근 느낌을 표현할 수 있습니다.

08 나머지 무늬도 같은 방법으로 칠합니다.

09 옅은 농도의 산호색으로 꽃잎의 밑 작업을 합니다.

10 좀 더 진한 농도의 산호색으로 꽃잎을 덧칠합니다. 꽃 가운데 부분으로 갈수록 어두워지도록 표현하면 입체감을 줄 수 있습니나.

11 꽃잎 사이사이, 굴곡진 부분 등을 진한 색으로 덧칠합니다.

12 나머지 꽃잎도 같은 방법으로 칠합니다. 꽃의 중간, 수술 부분에는 물감을 칠하지 않고 남겨 둡니다.

13 수술 부분을 칠하기 위해 먼저 깨끗한 물을 꽃 가운데에 바른 다음, 푸른색 물감을 번지듯이 표현합니다.

14 물감이 완전히 마른 후 농도가 짙은 푸른색으로 수술 부분을 그립니다. 수술 주변에 점을 찍 듯이 연결해서 장식합니다.

15 평안을 주는 화병도 완성!

●퍼머넌드 옐로(Permanent Yellow) ●퍼머넌트 옐루 딥(Permanent Yellow Deep)

●카드뮴 옐로 오렌지(Cadmium Yellow Orange) ●퍼머넌트 옐로 오렌지(Permanent Yellow Orange)

●퍼머넌트 그린(Permanent Green) ●후커스 그린(Hooker's Green) ●비리디언 휴(Viridian Hue) ●오페라(Opera)

09

황금색 길운을
집안에,
귤

황금빛의 탐스러운 귤은 주나라 목왕(穆王)이 신선들의 나라에서 선물로 주었다는 신비로운 과일로, 황제가 올리는 제사에 쓰였다고 합니다. 지금은 겨울철에 쉽게 즐길 수 있는 과일이지만 옛날에는 조선 시대만 해도 별도로 과원을 조성해 특별히 관리하는 귀한 진상품이라서 자식에게 재산을 물려주려는 의도로 귤나무를 심었다고도 합니다.

그래서인지 그림 속 귤은 풍요를 바라는 마음이 담겨 있기도 합니다. 큰 귤을 의미하는 '대귤(大橘)'은 '대길(大吉)'과 발음이 유사해 매우 길하다는 의미로도 그려졌습니다.

귤 그림은 주황색의 난색이 사용되어 기분을 상쾌하고 즐겁게 만들어주는데요, 주방 또는 식탁 옆 등에 오방색에서 적색에 해당하는 주황색 그림을 걸어두면 활기를 더할 수 있다고 합니다. 커다란 귤이 주렁주렁 열린 그림으로 즐거운 인테리어 포인트를 만들어 보는 것은 어떨까요? 길상의 의미를 더할 뿐만 아니라 식욕을 돋우는 데도 도움이 될 것입니다.

01 번짐 효과를 위해 칠하려는 귤에 깨끗한 물을 살짝 바릅니다.

02 물이 마르기 전 농도가 진한 주황색으로 칠합니다. 마르기 전에 더 진한 색을 덧칠하면 자연스럽게 번지는 효과를 얻을 수 있습니다.

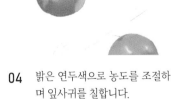

03 마찬가지로 나머지 귤도 칠합니다. 똑같이 칠하면 단조로워 보일 수 있으므로 덧칠하는 색상을 조절합니다.

04 밝은 연두색으로 농도를 조절하며 잎사귀를 칠합니다.

05 나머지 잎사귀도 칠하되 아래 쪽으로 갈수록 진한 초록색으로 이어지게 합니다.

06 꽃을 칠할 차례입니다. 먼저 깨 끗한 물을 바르고 끝부분을 분 홍색으로 물들이듯이 칠합니다.

07 수술 부분을 노란색으로 칠합 니다. 꽃이 번지지 않도록 완전 히 마른 후에 칠합니다.

08 농도가 진한 초록색 물감을 이용해 가지를 연결합니다.

09 붓을 연필처럼 잡고 그리면 좀 더 쉽게 그릴 수 있습니다.

10 연한 갈색으로 귤 껍질의 요철을 표현합니다. 점을 너무 많이 찍으면 보기 좋지 않으므로 밝은 부분에 포인트를 주듯이 그립니다.

11 'good vibes only' 글씨를 씁니다. 글씨는 생략해도 좋습니다.

12 풍요로움을 주는 귤 그림 완성!

● 샙 그린(Sap Green) ○ 올리브 그린(Olive Green) ● 후커스 그린(Hooker's Green) ○ 레몬 옐로(Lemon Yellow)

10

재물을 부르는
왕죽도(대나무)

대나무 그림을 왕죽도라 부릅니다. 왕죽도(대나무) 그림은 풍수 그림 중 재물과 성장, 결실의 의미로 최고의 풍수 그림으로 알려져 있습니다. 그림으로 풍수 효과를 보려면 왕죽도는 거실 앞, 뒷면이나 안방에 배치하면 좋으며, 특히 현관에서 보이는 곳에 걸어두면 웬만한 악재는 거의 해소되는 믿기 어렵고 놀라운 효과를 가져다준다고 합니다.

원색의 왕죽도를 걸어두면 당신에게 오랫동안 행운이 깃들 거라는 다양한 풍수학자의 말처럼 원색 왕죽도 그림으로 일이 술술 풀리도록 연출해 봅시다.

01 대나무 밑그림을 완성합니다.

02 연두색에 초록색을 섞어 번지 듯이 대나무 몸통 부분을 칠합니다.

03 연두색의 양을 조금 더 늘려서 같은 방법으로 옆 대나무 몸통도 칠합니다.

04 연두색 물감으로 대나무 잎 밑 색을 칠합니다. 농도가 진한 색으로 칠하되, 마르기 전 더 진한 초록색으로 그러데이션을 표현합니다.

05 같은 방법으로 나머지 대나무 잎을 칠합니다. 붓끝으로 대나무 잎들을 연결합니다.

06 대나무의 아래쪽 잎들은 진한 초록색으로 밑색을 칠합니다. 농도가 진한 색으로 칠하되, 마르기 전 더 진한 초록색으로 그러데이션을 표현합니다.

07 같은 방법으로 나머지 대나무 잎을 칠합니다. 붓끝으로 대나무 잎들을 연결합니다.

08 대나무 몸통과 겹치는 잎 부분은 다른 농도로 칠합니다.

09 같은 방법으로 나머지 대나무
잎을 칠합니다. 붓끝으로 대나
무 잎들을 연결합니다.

10 진하게 발색한 초록색으로 가
장자리 모양을 다듬어 마무리
합니다.

11 재물을 부르는 왕죽도 완성!

Good Luck to you

The more you draw,
the better things happen to me.

● 버밀리온(Vermilion) ● 인디언 옐로(Indian Yellow) ● 올리브 그린(Olive Green) ● 샙 그린(Sap Green)
● 옐로 오커(Yellow Ochre) ● 비리디안(Viridian) ● 브라운(Brown)

11

풍요와 번창,
복을 부르는
감

빨간 감 그림은 풍요로움과 번창, 가득 참, 다산과 함께 다섯 가지 덕을 갖춘 나무라 일컬어졌습니다. 풍수 그림으로 사업장에 감 그림을 걸어두면 감이 주렁주렁 달린 것처럼 일도 주렁주렁 들어온다는 의미가 있어 일감이 많이 들어와서 사업체가 번창하고 집안에 감 그림을 두면 가정의 평화와 건강운이 좋아진다고 하여 많은 사랑을 받아 왔습니다. 풍수지리에서 감 그림을 집안 서쪽에 걸어두면 풍요와 부자를 만드는 의미와 상징이 강하므로 좋은 길상의 그림이 된다고 하니 빨간 감 그림으로 집안을 풍요로운 분위기로 연출해 봅시다.

01 끝이 뾰족하고 넓적한 네 갈래의 감꼭지를 생각하며 소반에 담긴 감 밑그림을 완성합니다.

02 중간 붓을 이용해 진하게 발색한 주황색에 물을 섞어 감을 번지듯이 칠합니다.

03 같은 방법으로 주변의 감 표면을 칠합니다.

04 완벽하게 마른 뒤에 조금 더 농도를 진하게 하여 같은 방법으로 나머지 감의 표면을 칠합니다.

05 채색한 부분이 마르면 주황색에 살짝 빨간색과 갈색을 섞어 아래쪽 감에 음영을 넣습니다. 감들이 겹치는 부분 위주로 색을 덧입혀 입체감을 만듭니다.

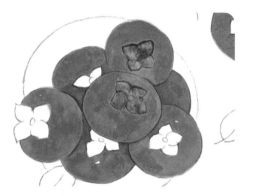

06 초록색을 사용하여 감 꼭지를 칠합니다. **07** 같은 방법으로 감 꼭지를 모두 칠합니다.

08 이번에는 황토색으로 소반을 칠합니다.

09 소반의 물감이 어느 정도 마르면 덧칠하듯 갈색을 섞어 색을 쌓아 줍니다. 진한 갈색으로 입체감을 주기 위해 안쪽을 칠해서 깊이감을 만듭니다.

10 연두색에 초록색을 섞어 잎맥 부분을 하얗게 남기고 잎사귀를 칠합니다. 더 진하게 발색한 초록색으로 주변 잎사귀도 칠합니다.

 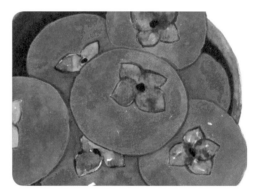

11 같은 방법으로 잎사귀를 모두 칠합니다.

12 진한 초록색으로 감 꼭지를 표현하며, 잎사귀들의 모양을 다듬어 마무리합니다.

13 복을 부르는 감 그림 완성!

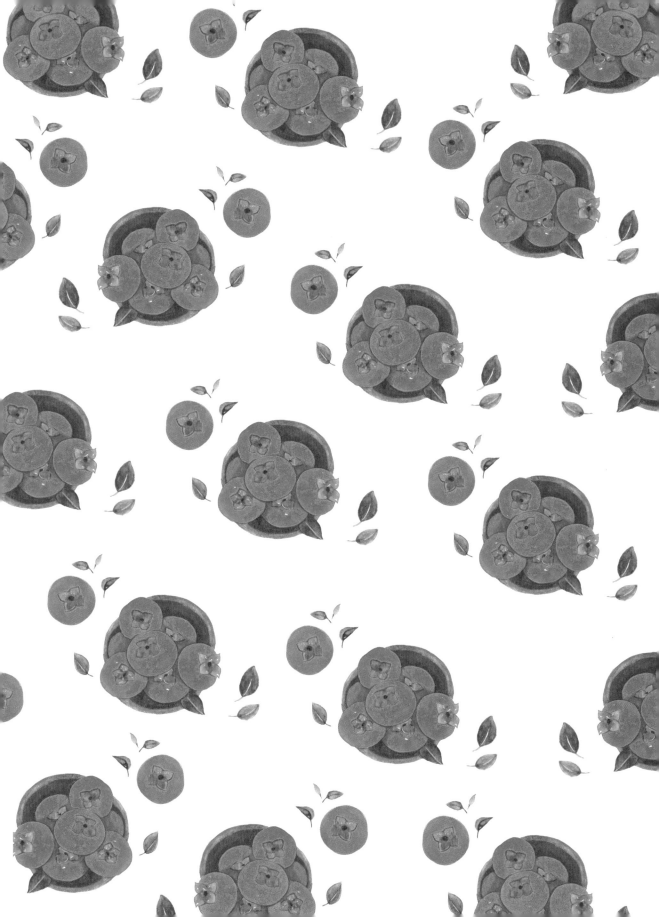

12

금전운을
부르는 노란 꽃
해바라기

풍수지리에서 꽃은 크기나 색채에 따라 음양과 오행을 구분하여 균형을 맞추는 방식으로 활용되어 왔다고 합니다. 특히 해바라기가 '금전운'을 불러온다고 전해지는 것에는 몇 가지 이유가 있습니다.

첫째는 해바라기 잎사귀 색입니다. 노란색은 금색이라고도 하여 금전(재물)운을 높여준다고 하며, 둘째는 꽃은 토양(土)에서 탄생하기 때문에 결실을 만들어내는 힘이 있다고 믿었습니다. 이 모든 요소가 '재물이 맺힌다'라는 의미로 복합적으로 작용해 우리나라에서는 '돈'과 관련된 행운의 꽃으로 인식되고 있습니다.

실제 집에서 생화를 기르기에는 힘든 점이 많으므로 많은 사람이 시들지 않는 해바라기 그림을 이용해 집안을 밝고 화사하게 연출하고 있습니다. 가정의 금전 기운은 현관을 통해 들어온다고 해서 해바라기 그림은 입구인 현관이나 현관에서 들어왔을 때 가장 잘 보이는 장소에 두는 것이 가장 좋다고 합니다. 집안에 금전운을 가져다주는 노란색 황금 해바라기를 그려보겠습니다.

● 레몬 옐로(Lemon Yellow)　● 퍼머넌트 옐로 딥(Permanent Yellow Deep)　● 카드뮴 옐로 오렌지(Cadmium Yellow Orange)

● 퍼머넌트 옐로 오렌지(Permanent Yellow Orange)　● 올리브 그린(Olive Green)　● 비리디언(Viridan)

● 브라운 레드(Brown Red)　● 반다이크 브라운(Vandike Brown)　● 옐로 그린(Yellow Green)

01 가운데에 원을 그리고 해바라기 잎과 잎 사이 스케치가 겹치는 선들은 정리하며 스케치를 완성합니다.

02 붓에 깨끗한 물을 묻혀 연한 노란색 물감으로 잎 하나를 칠합니다. 노란색이 밑색으로 괜찮다고 판단되면 나머지 꽃잎들도 칠합니다.

03 해바라기 잎 밑색 작업이므로 물을 많이 섞어 농도가 진하지 않도록 잎을 전체적으로 칠합니다.

04 물감이 마르면 같은 노란색으로 물의 양을 줄이고 농도를 짙게 하여 해바라기의 결을 다듬어 줍니다. 노란색으로 기다랗고 끝이 뾰족한 꽃잎들의 색을 채웁니다.

05 살짝 겹치는 부분의 꽃잎은 아래쪽 꽃잎의 경계선이 진하게 표현되도록 색을 칠합니다. 이때 잎의 끝보다는 시작(아래) 부분에 색을 칠해 무게 중심이 꽃잎의 시작 부분에 있도록 표현합니다.

06 밑색보다 진한 노란색을 붓에 묻혀 중간색으로 꽃잎의 결을 만듭니다. 꽃잎의 하이라이트 부분과 함께 입체감을 살립니다.

07 같은 방법으로 꽃잎을 모두 중간색으로 채웁니다.

08 중간색으로 사용한 노란색에 오렌지색을 살짝 섞어 뾰족한 꽃잎의 반대 부분인 해바라기 꽃잎 아래쪽에 음영을 넣습니다. 자연스럽게 꽃잎의 끝은 밝고 아래쪽은 좀 더 어두워지면서 잎의 무게 중심이 가운데로 실리는 것을 느낄 수 있습니다.

09 해바라기 꽃잎의 더욱 풍부한 입체감을 위해 오렌지색을 사용해서 꽃잎 사이 경계선 부분을 물기 없이 진하게 발색해 음영을 표현합니다.

10 같은 방법으로 전체 잎 사이 경계면을 칠하면서 꽃잎 아래쪽에도 음영을 디테일하게 표현해 풍부한 입체감을 나타냅니다.

11 초록색 물감으로 나뭇잎을 칠합니다. 맑은 초록색으로 칠하며 물감이 마르기 전 진한 초록색을 사용해서 잎의 그러데이션을 표현합니다.

12 같은 방법으로 나머지 잎사귀와 줄기를 그립니다. 잎사귀를 그릴 때 잎맥 부분은 흰색 선으로 남겨두고 채색하세요.

13 해바라기 가운데 부분에 갈색 물감을 이용해서 씨앗을 표현합니다. 붓끝을 세워 점을 찍듯이 원을 채웁니다.

14 원을 채워나가며 약간의 틈을 흰색으로 남겨 씨앗을 표현합니다. 전체적으로 원의 기본색을 갈색으로 하되, 진한 갈색도 부분마다 같이 표현합니다.

15 농도가 진한 녹색 물감을 이용
해 두 번째 원도 마찬가지로 점
을 찍듯이 색을 채워나갑니다.
가장 안쪽 원은 어두운 밤색으
로 칠해 중간에 동그란 씨앗 부
분을 마무리합니다.

16 가장 작은 붓으로 진한 오렌지
색을 묻혀 꽃잎의 결을 디테일
하게 표현하며 해바라기를 완
성합니다.

17 금전운을 불러오는 해바라기
완성!

행운×행운을
주는 그림

행운은 준비와 기회를 만났을 때 나타난다고 합니다. 기회를 잘 잡을 수 있
도록 '모든 일이 잘 풀린다'는 꽃말을 가지고 있는 연꽃, 초록색 기운으로
운을 높인다는 청사과, 지혜와 부의 상징인 부엉이, 근심 없는 평화를 부르
는 돼지 그림을 실었습니다.

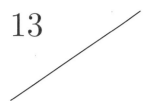

13

행운을 부르는
연화도

연꽃은 깨끗함, 순수, 청렴, 행운이라는 다양한
의미가 있습니다. 풍수적으로 연꽃은 진흙 속에
서도 역경을 이겨내고 깨끗하게 화사하고 큰 꽃을
피우기 때문에 부귀, 좋은 복을 부른다고 합니다.
온 가족이 모이는 편안한 공간, 활기찬 에너지가
넘치는 분위기를 위해 화사하게 핀 연화도를 걸면
좋은 기운이 술술 들어와 집안에 행운을 증가시킨
다고 합니다.
만사여의(萬事如意), 꽃말의 의미를 담아 소중한
누군가에게 전하기에 좋은 연화도로 거실에 포인
트를 연출해 봅시다.

*만사여의_모든 일이 나의 뜻과 같이 잘 풀림

● 브릴리언트 핑크(Brilliant Pink)　● 오페라(Opera)　● 에메랄드 그린 휴(Emerald Green Hue)　● 로즈 매더(Rose Madder)

● 퍼머넌트 그린 NO.1(Permanent Green NO.1)　● 피콕 그린(Peacock Green)　● 샙 그린(Sap Green)

● 세룰리안 블루 휴(Cerulean Blue Hue)

01 크고 작은 꽃봉오리와 연잎을
적절히 섞어 밑그림을 그립니다.

02 중간붓을 사용해 연하게 발색한
핑크색에 물을 많이 섞어 꽃잎
안쪽부터 칠합니다.

03 같은 색을 사용해 연꽃의 꽃잎
을 한 장씩 칠합니다.

04 붓에 묻은 남은 물감을 사용
해 옆의 작은 연꽃도 칠합니다.

05 물감이 완벽하게 마른 뒤에 같
은 색을 덧칠하듯 색을 입혀 꽃
잎에 1차 음영을 넣습니다.

06 꽃잎 안쪽과 서로 겹치는 부분을 중점으로 더 진하게 발색해 음영을 넣어서 입체감을 만듭니다. 얇은 붓으로 바꿔 꽃잎의 결을 표현합니다.

07 같은 방법으로 주변 꽃도 칠합니다.

08 연두색에 초록색을 조금 섞어 잎사귀와 줄기를 칠합니다.

09 넓은 붓으로 연두색과 초록색을 연결하며 번지듯이 연잎을 칠합니다.

10 조금씩 농도를 다르게 하여 주변 연잎을 같은 방법으로 칠합니다.

11 완벽하게 마른 뒤 연잎이 겹치는 부분에 진하게 발색한 초록색으로 음영을 잡아줍니다.

12 진하게 발색한 초록색으로 모양을 다듬어 연잎을 완성합니다.

13 연두색에 초록색으로 입체감을
주면서 줄기를 칠합니다.

14 하늘색, 보라색을 연하게 발색
해 꽃받침을 칠합니다.

15 얇은 붓으로 바꾸고 진하게 발색
한 색상을 덧칠하며 입체감을 만
듭니다. 진한 남색으로 열매 부분
의 구멍을 칠하며 마무리합니다.

16 좋은 기운을 주는 연화도 완성!

Good Luck to you

The more you draw,
the better things happen to me

14

집안에 좋은
기운을 부르는
풋사과

사과는 열매, 결실의 상징으로 잘 보이는 곳에 걸
어두면 집 안에 재운과 행운을 불러들인다고 합니
다. 풋사과가 가진 청량함은 의욕과 성장의 색으
로 가까이 두면 집안의 기운을 좋게 한다고 하며,
특히 재운, 합격, 승진 등 금전과 관련된 좋은 의
미가 가득 담겨있다고 합니다. 풋사과 그림은 소
파에서 잘 보이는 곳이나 주방 식탁 옆 또는 현관
에서 바로 보이는 곳에 배치하는 것이 좋습니다.
조록색은 가정의 화목, 화합에도 도움을 준다고
하니 풋사과 그림으로 집안에 싱그러움이 가득한
분위기를 연출해 봅시다.

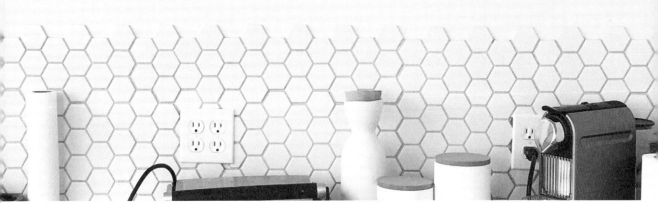

레몬 옐로(Lemon Yellow) 　●　후커스 그린(Hooker's Green) 　●　피콕 그린(Peacock Green) 　●　샙 그린(Sap Green)
●　퍼머넌트 그린 NO.2(Permanent Green NO.2)

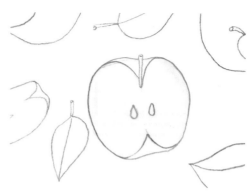

01 종이 위에 사과의 형태를 자유롭게 그립니다. 주변에 나뭇잎도 그려 넣어 밑그림을 완성합니다.

02 붓에 깨끗한 물을 묻혀 사과 형태에 바른 다음 마르기 전에 노란색 물감을 칠합니다. 사과 외곽 부분은 농도가 더 진한 색으로 번지듯이 덧칠합니다.

03 같은 방법으로 1/4 사과 형태에도 칠합니다.

04 물감이 마른 뒤 연두색과 초록색을 섞은 중간 톤으로 사과 껍질 부분을 칠합니다. 처음과 끝을 진하게 칠하면 입체감이 있습니다.

05 형태가 둥근 사과는 연두색으로 밑색을 칠하고 초록색을 덧칠하여 입체감을 만들며 칠합니다.

06   같은 방법으로 주변 사과 표면을 칠합니다.   07   초록색을 사용해 잎맥 부분을 하얗게 남겨두
고 잎사귀를 칠합니다.

08   같은 방법으로 주변 잎사귀를 칠합니다.

09 붓에 갈색 물감을 묻혀 사과 씨를 칠합니다.　　**10** 같은 색으로 사과 꼭지를 칠합니다.

11 싱그러운 복을 가득 주는 풋사과 완성!

15

지혜와 부를
선물하는
부엉이

부엉이는 부엉이 곳간, 부엉이살림이란 말이 있듯이 자신도 모르게 재물이 늘어나는 의미를 지닙니다. 또한 지혜의 여신 아테네의 상징 동물이었기에 지혜를 뜻하기도 합니다. 풍수지리적으로 부엉이 그림은 '밤낮을 가리지 않고 학업에 매진한다'라는 뜻을 가지고 있어 학구열을 불태우는 좋은 뜻도 있지만, 주어진 일에 열심히 노력하고 좋은 성과를 얻는다는 의미도 있습니다.
부엉이 그림은 자녀들의 공부 방 입구나 북쪽에 걸어두면 운이 상승하는 데 도움이 된다고 합니다.

● 퍼머먼트 옐로 딥(Permanent Yellow Deep) ● 오페라(Opera) ● 카민(Carmine) ● 옐로 오커(Yellow Ochre)

● 퍼플 그레이(Purple Grey) ● 브라운 레드(Brown Red) ● 블랙(Black)

01 부엉이 밑그림을 그립니다.

02 붓에 깨끗한 물을 묻혀 부엉이 배 부분에 바른 다음 마르기 전에 노란색 물감을 덧칠합니다. 날개 쪽은 농도가 더 진한 색으로 번지듯이 덧칠합니다.

03 적갈색에 물을 섞어 연하게 발색해 얼굴 부분을 칠합니다.

04 빨간색에 보라색을 섞어 부엉이 형태를 채색합니다. 깃털을 표현하기 위해 꼼꼼하게 칠하지 않이도 괜찮습니다.

05 반대쪽도 같은 방법으로 칠합
니다.

06 부엉이 배 부분의 물감이 완벽
하게 마르면, 노란색으로 깃털
을 표현합니다. 단계적으로 갈
색을 조금씩 섞어 색을 더하며
계속 깃털을 그립니다.

07 같은 방법으로 나머지 깃털 부
분도 완성합니다.

08 전체적으로 색을 더해가며 입
    체감을 만듭니다.

09 부엉이 날개와 머리 부분에도
    빨간색에 보라색을 진하게 발색
    해 깃털을 표현합니다.

10 같은 방법으로 색을 더하며 깃
    털 표현을 완성합니다.

11 노란색에 갈색을 살짝 섞어 부
    리를 칠합니다. 부리 아래를 더
    진한 색으로 칠해 입체감을 줍
    니다. 진한 길색으로 부리 선을
    그립니다.

12 눈동자 부분을 비우고 진한 갈
    색으로 눈 부분을 칠합니다.

13 같은 방법으로 반대쪽 눈도 칠
    합니다.

14 갈색을 연하게 발색하여 발을
    칠합니다. 한 톤 더 진하게 발색
    해 음영을 넣어 줍니다.

15 빨간색에 물을 섞어 연하게 발색해 볼터치를 그립니다.

16 주변에 하트를 그려 마무리합니다. 지혜와 부를 부르는 부엉이 그림 완성!

● 쉘 핑크(Shell Pink)　● 브릴리언드 핑크(Brilliant Pink)　● 쟌 브릴리언트NO.2(Jaune Brilliant NO.2)　● 샙 그린(Sap Green)

● 피콕 그린(Peacock Green)　● 후커스 그린(Hooker's Green)　● 로즈 매더(Rose Madder)　● 블랙(Black)

 16

복과 재물을
불러오는
돼지

돼지는 풍요와 다산(多産), 근심 걱정 없는 평화와
건강 그리고 재물을 상징하는 동물입니다. 복 돼지
그림은 희망과 복이 들어와 하고자 하는 일들이 잘
풀리고 부를 얻으며 소원을 성취한다는 의미를 지
닙니다.
풍수지리에서는 집안에 돼지 그림을 걸어 사업 번창
을 기원했습니다. 이는 돼지가 새끼를 빠르게 많이
불리는 것처럼 재물이 빠르게 늘고 사업이 번창하기
바라는 풍습으로, 옛 민가에서 중요한 재산 중 하나
였고 돼지를 뜻하는 한자 돈(豚=金)의 음이 같은 데
서 유래합니다. 돼지 그림으로 복이 들어오도록 연
출해 봅시다.

01 꽃밭에 있는 돼지 밑그림을 완성합니다.

02 붓에 깨끗한 물을 묻혀 돼지 형태에 바른 다음 마르기 전 농도가 연한 핑크색으로 번지듯이 덧칠합니다.

03 얼굴과 어깨 선에 음영을 그립니다. 물감이 완벽하게 마르면 색을 더하며 입체감을 만들어 줍니다. 진하게 발색한 핑크색으로 귀와 코를 그립니다.

04 같은 색에 물을 섞어 앞다리 부분을 그리고 콧등 위에 주름을 그립니다. 전체적으로 음영을 다듬은 다음 진한 갈색으로 콧구멍과 눈을 그립니다.

05 깨끗이 씻은 붓으로 핑크색에 빨간색을 섞어 꽃을 칠합니다.

06 초록색으로 잎사귀를 칠합니다. 파란색을 살짝 섞은 녹색을 진하게 발색해 나머지 잎사귀도 칠합니다.

07 얇은 붓으로 바꾸고 연두색으로 뒤쪽 잎사귀와 줄기를 그립니다. 진한 초록색으로 잎맥을 그립니다.

08 같은 방법으로 나머지 잎사귀 도 그립니다.

09 깨끗하게 씻은 붓으로 바꿔 점 을 콕콕 찍어 수술을 그립니다. 붓끝을 잡고 연필로 그리듯이 하면 쉽게 표현할 수 있습니다.

10 같은 방법으로 나머지 수술을 그려 마무리합니다. 복과 재운 을 부르는 돼지 그림 완성!

17

복과 재물을
불러오는
돼지(색연필)

돼지는 풍요와 다산(多産), 근심 걱정 없는 평화와 건강 그리고 재물을 상징하는 동물입니다. 복 돼지 그림은 희망과 복이 들어와, 하고자 하는 일들이 잘 풀리고 부를 얻으며 소원 성취한다는 의미를 지닙니다.

풍수지리에서는 집안에 돼지 그림을 걸어 사업의 번창을 기원했습니다. 이는 돼지가 새끼를 빠르게 많이 불리는 것처럼 재물이 빠르게 늘고 사업이 번창하기 바라는 풍습으로, 옛 민가에서 중요한 재산 중의 하나였고 돼지를 뜻하는 한자 돈(豚=金)의 음이 같은 데서 유래한다고 할 수 있습니다. 돼지 그림으로 복이 들어오도록 연출해 봅시다.

01 꽃밭에 있는 돼지 밑그림을 완성합니다.

02 연한 핑크, 살색 색연필로 돼지 얼굴과 몸통을 칠합니다.

03 좀 더 진한 핑크색 색연필로 외곽선을 따라 색상을 쌓습니다.

04 진한 핑크색 색연필로 손과 코, 귀를 칠합니다.

05 돼지의 콧등 주름, 귀를 좀 더
디테일하게 그립니다.

06 진한 색 색연필로 돼지의 눈, 콧
구멍을 칠합니다.

07 돼지를 완성하고 아래 꽃을 칠
합니다.

08 같은 방법으로 나머지 꽃들도
칠합니다.

09 초록색 색연필로 잎맥을 피해 나뭇잎을 칠합니다.

10 다른 녹색 계열 색연필로 옆의 잎들도 칠합니다.

11 같은 방법으로 나머지 잎들도 그리며 마무리합니다. 복을 부르는 돼지 그림 완성!

가정에
행운을 주는 그림

집은 힘들었던 하루의 안식처이자, 사랑이 싹트는 곳이며, 큰 사람이 작아지고 작은 사람이 커지는 신기한 곳입니다. 소중한 집을 따뜻하고 아늑하게 만들기 위해 코끼리, 호랑이, 복숭아 그림으로 건강과 행운을 더해 봅시다.

18

가정의 행복을
기원하는
코끼리

코끼리의 어원은 매우 길한 존재로 이름 지어질 정도로 행운의 뜻이 가득합니다. 재물, 화목, 다산 등 가정의 행복을 기원하는 의미합니다. 코끼리 그림은 돈이 새 나가지 않게 굳히고 복을 부른다 해서 예로부터 많은 조상이 집에 걸어 두었던 풍수 그림입니다.

코끼리는 어려움이 닥쳤을 때 무리와 협력해서 지혜롭게 난관을 극복하는 영특한 동물로 지혜, 인내의 상징적인 의미도 있습니다. 코끼리 그림 한 쌍을 부부가 머무는 침실에 걸어두면 부부 금실이 좋아지고, 코를 아래로 하고 아기 코끼리와 함께 있는 코끼리 두 마리는 모성애를 뜻해 가족의 화합을 의미하기도 합니다.

거실이나 침실, 아이 방 등 어디에나 잘 어울리는 코끼리 그림으로 행복하고 따뜻한 분위기를 연출해 봅시다.

01 코끼리 두 마리를 그립니다.

02 붓에 깨끗한 물을 묻혀 코끼리 형태에 바른 다음 마르기 전, 연두색으로 코 부분을 칠합니다. 그다음 노란색으로 머리 부분을 칠하며 자연스럽게 섞이도록 그러데이션으로 칠합니다. 여기에 주황색, 빨간색을 차례로 자연스럽게 섞이도록 색을 쌓아갑니다. 뒷다리 부분은 보라색으로 칠합니다.

03 같은 방법으로 연두색과 초록색을 메인으로 뒤쪽 코끼리를 칠합니다. 물의 양이 너무 많으면 두 색이 탁하게 섞이므로 세심하게 조절합니다.

04 얇은 붓으로 바꿔 진하게 발색한 초록색으로 잎사귀를 칠합니다.

05 파란색을 살짝 섞은 녹색을 만듭니다. 두 색을 번갈아 가며 잎사귀를 칠합니다. 붓에 남은 물감으로 줄기를 연결합니다.

06 나머지 부분도 같은 방법으로 그려 마무리합니다. 행복을 부르는 코끼리 그림 완성!

● 퍼머넌드 옐로 오렌지(Permanent Yellow Orange)　● 버밀리온 휴(Vermillon Hue)　● 브라운 레느(Brown Red)　● 블랙(Black)

● 올리브 그린(Olive Green)　● 비리디언(Viridan)　● 퍼머넌트 바이올렛(Permanent Violet)

19

예로부터 가정의
나쁜 기운을
몰아내는 데 쓰였던
호랑이

예로부터 우리는 호랑이를 용맹하고 똑똑한 신령
의 동물로 여겨왔습니다.

호랑이는 동서남북을 지키는 사신(四神)이라고 하
며, 산을 지키는 산신령의 사자라고 하기도 합니
다. 신성하게 여겨지는 동물인 만큼 권선징악을 대
표하며 '길조, 수호'의 의미가 있습니다.

풍수지리에서는 호랑이를 '액막이' 그림이라고 일
컬을 정도로 나쁜 기운을 몰아내고 가정의 좋은 기
운을 부르는 역할을 합니다.

호랑이 그림은 어디에 걸면 좋을까요? 수호와 평
안, 양기를 북돋아 주는 그림이므로 많은 사람이
자주 드나드는 거실이나 현관 입구에 걸어두거나
세워두면 안성맞춤입니다.

특히 지리적인 역할이 크거나 공간의 힘을 중요하
게 생각하는 부동산, 사무실, 병원 등에도 걸어두면
사업 번창에 그 자리를 명당으로 만들어준다고 하니
이만한 그림이 없겠지요? 근엄한 호랑이의 모습을
친근한 일러스트 느낌으로 변환시켜 트렌디한 호랑
이 그림을 그려 봅니다.

01 호랑이 무늬와 형태를 디테일하게 그려 몸통 채색 후에도 명확하게 무늬를 그릴 수 있도록 스케치를 정리합니다.

02 붓에 오렌지색과 물을 어느 정도 섞어 호랑이 몸통을 칠합니다.

03 호랑이 몸통 스케치에 맞춰 색을 채워나갑니다. 물의 농도에 따라 부분별로 연한 오렌지색과 진한 오렌지색으로 채웁니다. 이때 색끼리 겹쳐도 괜찮습니다.

04 오렌지색에 노란색 또는 붉은색을 섞어 몸통에서도 다양한 색상 계열이 표현되도록 채색합니다. 입체적인 호랑이 몸통을 물의 번짐과 조금씩 다른 색 변화를 통해 자연스럽게 표현합니다.

05 호랑이 눈과 코, 귀를 제외한 몸통의 채색을 완성합니다.

06 물감이 완벽하게 마른 뒤, 작은 붓에 갈색과 검은색을 섞어 어두운 밤색을 만듭니다. 붓의 뾰족한 끝을 이용해 호랑이 무늬 부분을 칠합니다.

07 호랑이 몸통의 무늬를 모두 칠하고 난 후 수염, 눈, 귀도 같은 색으로 디테일하게 표현합니다.

08 붓에 초록색 물감을 묻혀 푸릇푸릇한 풀이 완성되도록 채색해 봅니다.

09 잎의 외곽 부분을 먼저 잡고 색상을 채워나가면 쉽게 채색할 수 있습니다. 같은 풀이지만 물의 농도를 달리해 번지듯이 초록색을 채워나가며 변화를 줍니다.

10 보라색을 이용해 나머지 줄기가 있는 풀들도 완성합니다.

11 초록색과 보라색 조화는 환상적입니다. 잎사귀 무늬도 작은 붓을 이용하여 세밀하게 그립니다. 좋은 기운을 부르는 호랑이 그림 완성!

you are my happy place

The one I love the most is you.
Let's get married. Will you join me

🔴 피미넌트 레드(Permanent Red)　🔴 크림슨 레이크(Crimson Lake)　⚫ 브라운 레드(Brown Red)　🔴 샙 그린(Sap Green)

🟢 올리브 그린(Olive Green)　🔵 비리디언(Viridan)　🟡 퍼너먼트 옐로 딥(Permanent Yellow Deep)

20

가정의 번영과
축복의 뜻을 담는
동백꽃

동백나무는 예로부터 번영과 축복의 의미를 담고
있는 길상(吉祥) 나무로 취급되어 왔습니다. 추운
겨울 흰 눈 속에서도 아름다운 꽃을 피우며 자라난
꽃이기 때문에 고고함과 더불어 어려움 속에서도
세상과의 약속을 지키기 위해 태어난 축복의 대상
으로 형상화되기도 했습니다.

특히 남쪽 지방에서는 혼례식 날 초례상에 추운 겨
울에도 잎이 지지 않는 지조와 고고함으로 비유되
는 소나무와 대나무 즉, 송죽(松竹)을 대신해 동백
나무가 꽂혔다고 합니다. 초례상 위에 놓인 동백은
어려움 속에서도 꿋꿋이 버티며 아름답게 피어나
는 꽃을 가정의 번영으로 해석했으며 오래 살아도
변하지 않는 고고함과 축복의 뜻이 담겨 있다고 합
니다.

시집을 가거나 장가를 가는 행차에 아이들이 모여
오색종이가 걸린 동백나무꽃을 흔드는 행위도 이
러한 축복의 뜻이 담겨 있다고 하는데요, 친구나
주변 사람의 결혼을 축하하는 의미 또는 한 가정의
탄생을 축복하는 의미에서 동백나무를 그려 선물
하는 것은 어떨까요?

01 채색하기 전, 먼저 마스킹 테이
프로 동백꽃 수술을 칠합니다.

02 꽃잎을 그릴 차례입니다. 넓고
큰 꽃잎을 자유롭게 그리되 넓
은 부위를 차지하는 위쪽은 붉
은색에 물을 섞어 연하고 밝게
표현합니다.

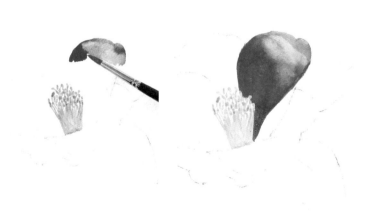

03 꽃잎이 가장자리에서 안쪽으로 내려올수록 붉은색 농도를 진하게 하여 자연
스러운 그러데이션으로 채색해서 입체감을 줍니다.

04 꽃잎이 마르는 동안 반대쪽 꽃
잎도 칠합니다.

05 큰 붓으로 진하게 발색한 빨간
색에 물을 적당히 섞으며 크고
작은 꽃잎 색을 모두 채웁니다.

06 꽃잎이 휘어지면서 보이는 꽃
잎 등은 연한 붉은색으로 채우
세요.

07 꽃잎에 음영을 표현하기 위해 어두운 붉은색으로 꽃잎 안쪽을 덧칠합니다. 기존 밑색과 색이 잘 어우러지도록 칠할 때 붓으로 색을 잘 풀어줍니다.

08 꽃잎 안쪽이 중간톤이었다면 작은 붓을 이용해 갈색으로 안쪽을 더 좁게 채색하며 음영을 넣습니다.

09 꽃잎마다 음영을 넣으며 꽃잎의 색을 풍부하게 만들고, 바깥쪽으로 겹친 꽃잎에도 음영을 넣어 마무리합니다.

10 밝은 초록색으로 잎사귀를 채색합니다. 잎맥 부분은 하얗게 남겨둡니다.

11 밝은 초록색에서 진한 초록색으로 그러데이션을 적용해 자연스러운 잎사귀를 만듭니다.

12 나머지 잎사귀들도 초록색으로 색을 채우세요.

13 물감이 마른 후 수술에 붙어있는 마스킹 테이프를 모두 제거합니다.

14 수술은 작은 붓을 이용해 노란
색으로 채색합니다.

15 수술에 세로줄을 그으며 가닥
가닥 표현합니다. 쌀알처럼 촘
촘한 원 아래쪽에 더 진한 노란
색으로 음영을 만듭니다. 번영,
축복을 부르는 동백꽃 완성!

레몬 옐로(Lemon Yellow)　　　퍼머넌트 그린(Permanent Green)　　　후커스 그린(Hooker's Green)　　　비리디언 휴(Viridian Hue)

브릴리언트 핑크(Brilliant Pink) – 별도 구입　　　레몬 옐로(Lemon Yellow) + 오페라(Opera) 혼합

21

신선들이
먹던 과일
복숭아

복숭아는 천상에서 열리는 과일로 이것을 먹으면 죽지 않고 장수한다는 전설에서 '장수와 벽사'의 의미가 유래되었습니다. 특히 천도(天桃)는 삼천 년 만에 열매를 맺는다고 하여 불로장수(不老長壽)의 과일로 여겨집니다. 옛 그림에 그려진 복숭아는 장수를 기원하는 의미로 손윗사람이나 고관의 생일을 축하하는 의미의 선물용으로 사용되었습니다. 아이를 바라는 사람들에게도 복숭아는 중요한 의미를 가졌는데, 과일은 열매가 맺히는 결실(結實)을 축복하고 기원하는 의미가 담겨 널리 그려졌습니다. 신선들이 먹던 과일, 탐스러운 복숭아처럼 건강한 아이를 위해 아이 방이나 아이를 원하는 사람들의 침실에 걸 분홍빛의 잘 익은 복숭아 그림을 그려봅시다. 건강을 기원하는 선물로도 좋은 소재가 될 것입니다.

01 분홍색 물감으로 연하게 밑 작업을 합니다.

02 좀 더 진한 색으로 가장 어두운 부분이 될 아
래쪽을 덧칠합니다.

03 물감이 마른 후 농도가 진한 분홍색으로 양감
을 표현합니다.

04 가장 밝은 부분을 노란색으로 연하게 칠합
니다.

05 오른쪽에도 진한 색으로 덧칠하고, 복숭아에
서 살짝 들어가는 부분도 진하게 덧칠합니다.

06 다른 복숭아도 연한 분홍색으로 밑 작업을
합니다.

07 노란색으로 연하게 색을 더합니다.

08 복숭아 두 개가 겹치는 부분은 그림자가 지
기 때문에 어둡고 농도가 진한 분홍색으로
덧칠합니다.

09 밝은 연두색으로 잎사귀를 칠합니다.

10 좀 더 진한 색으로 빛이 들지 않는 부분을 칠한 다음 잎맥 부분을 그립니다.

11 결실을 기원하는 탐스러운 복숭아 완성!

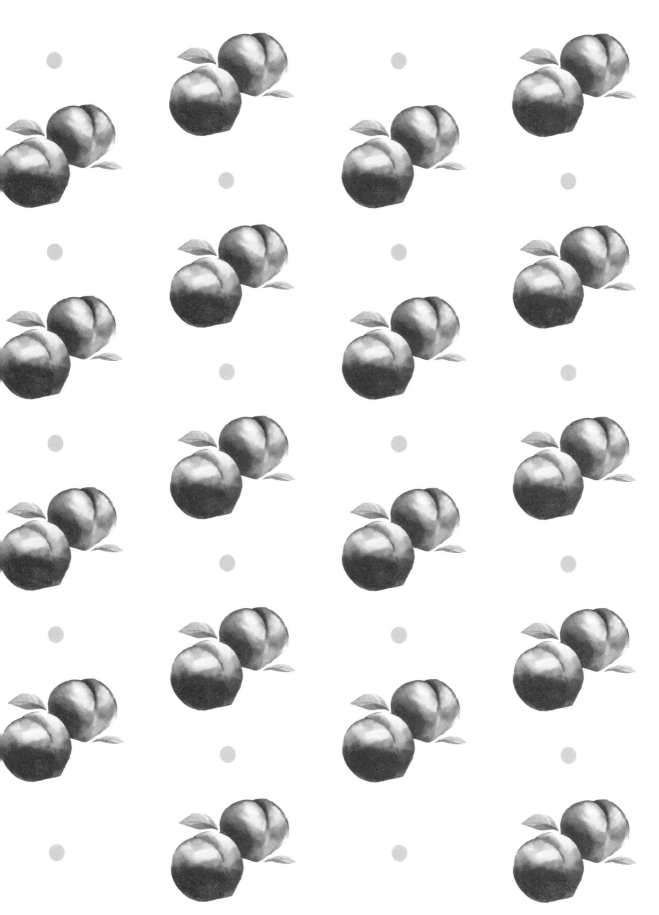

22

집안에 식신운을
올리는
청보리

보리는 곧은 성품과 부의 번창, 풍요로움을 의미하며 푸른색은 안정, 건강, 부를 상징합니다. 청보리는 이러한 기운을 상승시켜 풍수적으로 힘차게 전진하는 기운을 불러온다고 합니다.
풍수지리에서는 침실과 같은 중요한 공간에 거는 액자나 그림은 재운, 명예운과 큰 관련이 있다고 보는데, 집안에 식신운을 올리는 청보리로 청량한 분위기를 연출해 봅시다.

● 샙 그린(Sap Green)　　○ 올리브 그린(Olive Green)　　● 후커스 그린(Hooker's Green)　　○ 레몬 옐로(Lemon Yellow)

01 보리를 한 알 한 알 그립니다.

02 같은 방법으로 길이를 다르게
해 밑그림을 완성합니다.

03 노란색과 연두색을 발색합니
다. 보리에 색을 전부 채우지 않
고 듬성듬성 콕콕 찍듯이 칠합
니다.

04 이번에는 연두색에 물을 섞어
같은 방법으로 칠합니다.

05 좀 더 진한 녹색으로 아래쪽의 보리도 칠합니다. 조금씩 다른 색으로 표현되면 색감이 한층 풍부해집니다.

06 같은 방법으로 모두 칠합니다.

07 물감이 완벽하게 마른 뒤에 초록색에 갈색을 살짝 섞은 탁한 초록색으로 1차 음영을 넣어 줍니다.

08 한 알 한 알 그리듯 사이사이 공간을 채우며, 입체감을 표현합니다.

09 같은 과정을 반복하며 나머지 보리도 모두 입체감을 만들어줍니다.

10 같은 색상의 녹색으로 줄기를 칠하며 마무리합니다. 식신운을 부르는 청보리 완성!

Good Luck to you

The more you draw,
the better things happen to me.

자손만대와 자녀의
운을 주는 그림

예로부터 가지, 딸기, 수박 같은 작은 과일들은 자손이 번성하기를 바라는
마음에 널리 그려지고, 선물했던 그림의 소재들입니다. 아이를 기다리는 사
람들에게 선물해 보면 어떨까요?

you are my happy place

The one I love the most is you. Let's get married. Will you join me

● 퍼머넌트 바이올렛(Permanent Violet)　　● 프러시안 블루(Prussian Blue)　　● 크림슨 레이크(Crimson Lake)　　● 코발트 블루(Cobalt Blue)

● 퍼머먼트 옐로 딥(Permanent Yellow Deep)　　● 샙 그린(Sap Green)　　● 비리디언(Viridan)

23

자손만대의
뜻을 지닌
가지

다산, 다복의 의미뿐만 아니라 금실 좋은 부부가
되어 조화롭게 살아가길 바라는 의미로 그려지기
도 했습니다.

생명이 느껴지는 채소나 과일 그림은 공간에 생기
를 불어넣어 줍니다. 색이 있는 그림은 다소 밋밋
한 공간을 경쾌하게 연출하는 효과도 가져옵니다.
허전해 보였던 벽면에 아름다운 염원을 지닌 그림
을 걸어 놓는다면 마음이 얼마나 풍요로워지고 따
뜻해질까요?

01 붓에 보라색 물감과 물을 묻혀 1/3 정도 과감하게 채색합니다. 채색한 보라색을 중심으로 자연스럽게 물감을 퍼트려 채워 나갈 예정이므로 꼼꼼하게 칠하지 않고 가장자리 부분을 남겨 두는 것이 좋습니다.

02 채색한 물감이 마르기 전에 보라색에 남색을 조금 섞으면 진한 보라색이 만들어집니다. 진한 보라색으로 가지 아랫부분을 둥그렇게 감싸듯이 채색합니다.

03 마찬가지로 가지 몸통의 시작 부분도 물감을 슬슬 문질러 색을 자연스럽게 풀어주며 밝은 보라색과 어두운 보라색이 그러데이션되도록 채색합니다. 붓자국이 생겨도 괜찮으니 과감하게 칠합니다.

04 왼쪽 가지는 오른쪽 가지와 구분되도록 하이라이트 부분에 조금 더 밝은 보라색을 사용해 보겠습니다.

05 색 농도를 조금 더 짙게 하여 하이라이트 부분에서 자연스럽게 그러데이션해 2/3 정도를 채색합니다.

06 아랫부분은 파란색을 이용하여 반사광을 표현합니다. 깔끔하게 가지의 테두리를 정리하며 몸통을 완성합니다.

07 가지 꼭지는 밝은 연두색을 이용해 줄기부터 칠합니다. 밑으로 내려오면서 진한 초록색을 섞어 색을 채워 넣습니다.

08 같은 방법으로 연두색에 다른 비율의 초록색을 섞어가며 나머지 가지 꼭지도 완성합니다.

09 가지 위 열매를 칠할 때는 스케치에 맞게 원으로 감싸듯 테두리 부분을 먼저 채색하고 물감에 물을 섞어 농도를 옅게 하여 안쪽까지 채색합니다.

10 나머지 열매도 같은 방법으로 색상 비율을 다르게 칠합니다.

11 열매들을 완성한 다음, 줄기는 풀색으로 채우며 줄기에서 뻗어나오는 잎은 초록색으로 자연스럽게 그러데이션하여 칠합니다. 마찬가지로 다른 잎사귀들도 칠하세요.

12 자손만대를 부르는 가지 완성!

you are my happy place

The one I love the most is you.
Let's get married. Will you join me

● 셀룰리언 블루(Cerulean Blue)　● 퍼머넌트 레드(Permanent Red)　● 샙 그린(Sap Green)　● 올리브 그린(Olive Green)

● 비리디언(Viridan)　● 퍼머넌트 바이올렛(Permanent Violet)　● 프러시안 블루(Prussian Blue)

24

아이를 간절히 기다리는 사람들을 위한 딸기

중세 시대 유럽에서도 성모마리아를 그린 많은 예술가는 소품이나 테두리 등에 딸기를 활용했습니다. 교회 제단 기둥 꼭대기에도 딸기 디자인 석조를 배치할 만큼 성스러운 의로움을 상징하기도 했으며 순결, 다산, 풍요를 뜻하기도 했지요.

우리나라에서도 유럽과 마찬가지로 예로부터 딸기는 씨가 많다 하여 '다산'의 상징으로 여겨 왔습니다. 딸기는 장미과 식물의 하나로 씨앗이 과육 바깥에 있는 유일한 과일이었습니다. 선조들은 씨가 알알이 잘 박혀 있는 새빨간 딸기의 모습을 풍요와 번창을 뜻하는 그림으로 생각하여 많이 사랑했습니다.

특히 빨간색은 정열의 색으로, 색 자체가 가진 생명력과 에너지가 강해 인테리어 소품으로 적절히 사용하면 부부 금실이 좋아지며 태양처럼 도전적인 원기, 왕성한 기운을 받을 수 있어 집안의 화목함과 활력이 끊이질 않는다고 합니다.

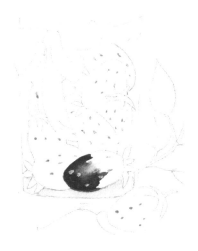

01 씨앗을 제외하고 채색하기는 어렵기 때문에 먼저 마스킹 테이프로 씨앗을 채웁니다. 붓에 물을 많이 묻혀 하늘색으로 유리병을 채색합니다. 이때 아래쪽 하늘색 농도가 더 진하도록 칠합니다.

02 빨간색으로 딸기를 채색합니다. 마스킹 테이프가 있으므로 씨앗이 표현되는 자리는 걱정하지 않고 과감하게 채색합니다.

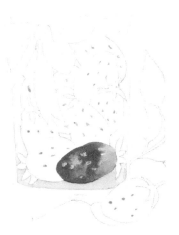

03 물을 더욱 머금은 빨간색으로 나머지 1/2도 채색해 나갑니다. 붓을 문질러 자연스럽게 색을 풀어 줍니다.

04 아래쪽 딸기가 마르는 동안 다른 딸기도 같은 방법으로 칠합니다.

05 붉은색에 물의 농도를 잘 이용하여 같은 색이지만 채도 차이에 따라 딸기가 다양해 보이도록 나머지도 칠합니다.

06 딸기 씨앗에 붙어있는 마스킹 테이프를 제거합니다. 제거한 자리가 흰색으로 대비되기 때문에 연한 붉은색으로 씨앗을 칠하며 하얗게 도드라지지 않도록 색을 채웁니다.

07 깨끗한 붓에 초록색을 묻혀 딸기 꼭지를 채색합니다.

08 병 안에 들어 있는 딸기부터 바깥의 딸기까지 모두 채색합니다.

09 보라색을 이용해서 리본을 표현해 보겠습니다. 리본이 말리는 안쪽에는 그림자가 생기므로 진한 보라색으로 채우고, 바깥쪽 표면의 리본은 밝은 보라색으로 칠해 입체감을 표현합니다.

10 리본 끈도 보라색 비율을 달리하며 자연스럽게 색을 풀듯이 칠합니다.

11 유리병을 감싸는 리본은 묶음 리본보다 농도를 더욱 진하게 하며 형태를 다듬어 줍니다.

12 유리병 표면의 테두리 부분을 진한 하늘색을 이용하여 채색하며 유리병의 모든 채색을 마무리합니다.

13 연두색으로 나뭇잎 밑색을 칠합니다. 연두색에 진한 녹색을 섞어가며 나뭇잎에도 그러데이션을 표현합니다.

14 같은 방법으로 나머지 나뭇잎
을 칠하고 붓끝으로 나뭇잎을
연결하는 가지도 채색합니다.
다산의 상징 딸기 완성!

Good Luck to you

The more you draw,
the better things happen to me.

● 퍼머먼트 옐로 딥(Permanent Yellow Deep)　● 샙 그린(Sap Green)　● 올리브 그린(Olive Green)　● 비리디언(Viridan)

● 퍼머넌트 레드(Permanent Red)　● 브라운 레드(Brown Red)　● 블랙(Black)

 25

아이를 간절히
기다리는
사람들을 위한
수박

신사임당의 초충도(草蟲圖) 병풍 1폭을 살펴보면 '수박과 들쥐'라는 작품을 만날 수 있습니다. 그림에는 땅 위에 둥그런 수박과 패랭이꽃이 있고, 수박을 파먹는 생쥐 두 마리와 하늘을 날고 있는 나비가 표현되있습니다. 신사임당은 여름의 경치를 과일과 곤충을 이용해 표현하고 있는데요, 그중에서도 씨가 많은 수박을 그린 까닭은 다산과 풍요를 상징하기 때문이라고 합니다.

이처럼 수박은 씨가 많은 과일이므로 '다산, 다남, 다복'을 상징합니다. 특히 수박은 단단한 초록색 껍질 속에 씨가 많다고 하여 아들을 염원하는 의미로도 그려져 왔습니다. 주변에 간절히 아이를 기다리는 부부가 있다면 그들을 위해 그림을 그려보는 건 어떨까요? 초록색과 빨간색이 잘 어우러진 수박 이미지를 통해 캐주얼한 방을 연출해 봅시다.

01 　중간 붓에 초록색을 묻혀 둥그
　　렇게 수박 받침을 그립니다.

02 　밝은 연두색으로 수박 받침의
　　물감이 마르기 전 바로 위에 겹
　　쳐서 또 한 번 그립니다. 자연스
　　럽게 아래쪽 테두리의 초록색
　　물감과 번지듯이 스며들면 자연
　　스럽고 예쁩니다.

03 　물을 많이 머금은 붓에 더욱 밝
　　은 연두색을 묻혀 세번째 레이
　　어를 만들어봅니다.

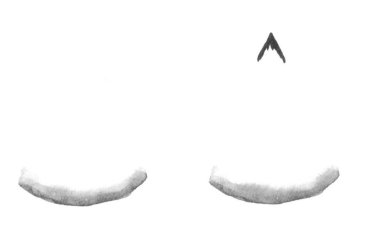

04 　붓에 있는 물로 인해 자연스럽
　　게 색이 섞이도록 남겨두고 수
　　박 받침을 마무리합니다.

05 　수박 형태를 삼각형으로 표현하
　　기 위해 안쪽의 뾰족한 부분을
　　붉은색 물감을 이용해 그리세
　　요. 위쪽으로 솟은 산처럼 표현
　　합니다.

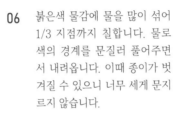

06 붉은색 물감에 물을 많이 섞어 1/3 지점까지 칠합니다. 물로 색의 경계를 문질러 풀어주면서 내려옵니다. 이때 종이가 벗겨질 수 있으니 너무 세게 문지르지 않습니다.

07 물감이 마르기 전에 붉은색 농도를 더 진하게 하여 1/2 지점을 칠합니다. 투명한 붉은색 수박 표면의 특징이 더 살아납니다.

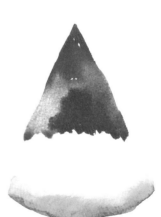

08 삼각형 원뿔 형태를 만들며 붉은색 부분을 완성합니다. 아래쪽 초록색 수박 받침과 색이 섞이지 않도록 약간의 흰색 틈을 주어 마무리합니다.

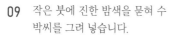

09 작은 붓에 진한 밤색을 묻혀 수박씨를 그려 넣습니다.

10 반원의 수박 형태를 채색해 보겠습니다. 삼각형 수박과 마찬가지로 수박 받침을 진한 초록색 물감을 이용해 형태를 잡아줍니다.

11 아래쪽 초록색 물감이 마르기 전에 더 밝은 초록색과 연두색으로 겹겹이 그리고, 자연스럽게 세 가지 색이 스며들어 있는 세 개의 레이어 구조를 지닌 수박 받침을 완성합니다.

12 붓에 붉은색을 묻혀 반원을 채워나갑니다.   13 물의 농도를 조절해가며 붉은색 반원을 채색합니다.

14 작은 붓을 이용해서 밤색을 묻혀 씨앗을 고루 그립니다.

Sweet

Sweet
Home

15 초록색을 이용하여 글자를 써보겠습니다. 원
하는 글자를 생각한 다음 노란색에 초록색을
섞어 자유롭게 'Sweet' 글자를 씁니다.

16 'Home' 글자는 진한 초록색으로 씁니다.

Sweet
Home

17 완성

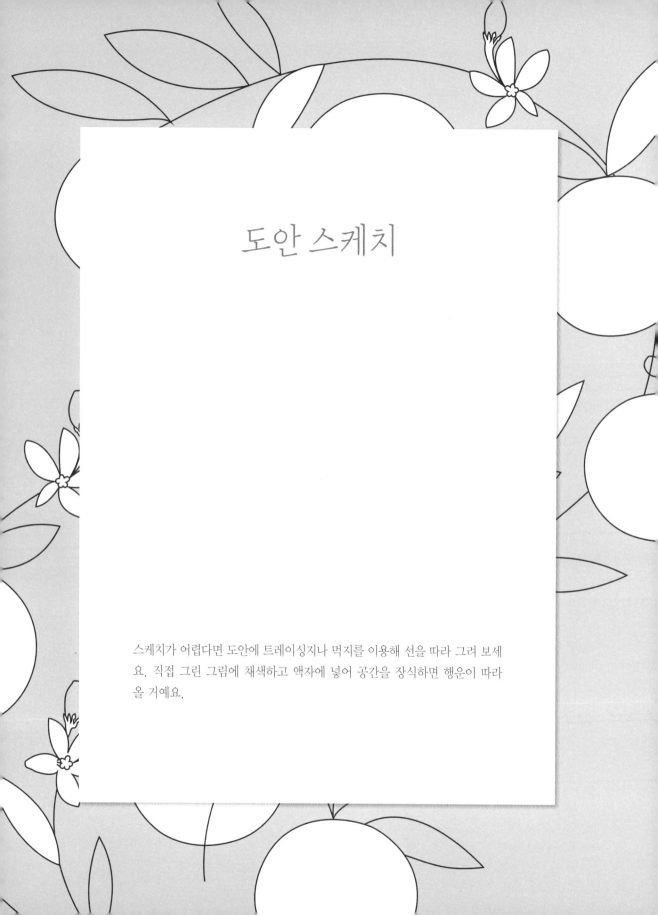

도안 스케치

스케치가 어렵다면 도안에 트레이싱지나 먹지를 이용해 선을 따라 그려 보세요. 직접 그린 그림에 채색하고 액자에 넣어 공간을 장식하면 행운이 따라 올 거예요.

자손만대의 뜻을 지닌 가지　188쪽 참소

풍요와 번창, 복을 부르는 감나무 102쪽 참조

황금색 길운을 집안에, 귤　90쪽 참조

신선들이 먹던 과일 복숭아 174쪽 참조

집안에 좋은 기운을 부르는 꽃사과 126쪽 참조

가정의 행복을 기원하는 코끼리　154쪽 참조

복과 재물을 불러오는 돼지 140쪽 참조

지혜와 부를 선물하는 부엉이 132쪽 참조

아이를 간절히 기다리는 사람들을 위한 수박 *202쪽 참조*

가정의 번영과 축복의 뜻을 담는 동백꽃 166쪽 참조

기사회생의 상징, 시원한 잎사귀가 돋보이는 파초도   50쪽 참조

금전운을 부르는 노란 꽃 해바라기   108쪽 참조

집안에 식신운을 올리는 청보리 180쪽 참조

예로부터 가정의 나쁜 기운을 몰아내는 데 쓰였던 호랑이 160쪽 참조

모든 것이 평안하기를 기원하는 화병도 82쪽 참조

한 쌍의 새처럼 다정하게 살아가기를, 회조도　32쪽 참조

관운과 성공을 뜻하는 흰 사슴 58쪽 참조

행운과 화목을 부르는 화섭도　40쪽 참조

재물을 부르는 왕죽도(대나무) 96쪽 참조

아이를 간절히 기다리는 사람들을 위한 딸기 194쪽 참조

봄에 만나는 부귀화 모란 26쪽 참조

연모와 존경의 꽃 이름 수선화 64쪽 참조

행운을 부르는 연화도 118쪽 참조

작품 감상 Gallery

행운을 부르는 풍수 그림을 감상할 수 있는 갤러리입니다. 본인이 직접 그린 그림으로 집안을 장식해도 좋고 여기 담은 작품을 커팅 하여 장식해도 좋습니다. 사랑하고 존경하는 누군가에게 내가 직접 그린 행운을 부르는 풍수 그림을 선물하면 더욱 뜻깊은 선물이 될 것입니다.

봄에 만나는 부귀화 모란

모란은 모양이 풍염(豊艶)하고 품위와 위엄이 있어 부귀화라고 불렀습니다. 화려하기 그
지없는 모란은 이러한 상징과 잘 어울립니다. 또한 꽃 중의 제일로 여겨져 왕의 꽃이라고
하여 왕의 옷과 병풍 등에 장식하였고, 궁궐 가운데 정원에 심었을 정도로 귀하게 여겼다
고 합니다.

한 쌍의 새처럼 다정하게 살아가기를, 화조도

꽃과 새를 잘 어우러지게 그린 그림을 화조도라고 합니다. 흐드러지게 핀 꽃 사이에 다정한 두 마리 새는 부부 금실을 좋게 하고 따뜻한 가정을 기원합니다. 특히 전통 병풍 중에는 다른 주제보다 유독 꽃과 새가 묘사된 것이 많은데, 단란한 부부생활을 염원하고 본보기 구실을 했기 때문일 것입니다. 풍수지리에서는 침실과 같은 중요한 공간에 거는 액자나 그림은 재운, 명예운과 큰 관련이 있다고 봅니다.

행운과 화합을 부르는 화접도

꽃과 나비를 의미하는 화접도는 신혼부부 침실에 잘 어울리는 소재입니다. 옛날에는 혼례
를 마친 신랑, 신부가 첫날밤을 보내는 방에 화접도 병풍을 장식하기도 했습니다. 함께 그
려지는 한 쌍의 나비는 금실 좋은 부부를 상징합니다. 특히 나비는 행운이나 길상의 의미
가 있어 혼수품에 자주 그려지기도 했습니다.

Good Luck to you

The more you draw,
the better things happen to me.

기사회생의 상징, 시원한 잎사귀가 돋보이는 파초도

파초는 다년생 식물로 푸른 잎이 시원스럽고 넓은 아름다운 식물입니다. 옛사람들은 겨울에는 마른 것처럼 보이다가도 이듬해 봄이 오면 새순이 돋아나 어느새 푸른 잎을 시원스럽게 뽐내는 파초를 기사회생(起死回生)의 상징으로 여겼다고 합니다.

관운과 성공을 뜻하는 흰 사슴

사슴은 십장생 중 하나로 장수, 복록을 상징합니다. 사슴을 뜻하는 한자는 관리들이 나라로부터 받는 봉급인 '녹'과 발음이 같아 나라의 벼슬을 의미합니다. 특히 흰 사슴은 한자로 '백록'이라고 하는데, 일백 백(百)에 사슴 록(鹿)은 벼슬 록(祿)으로 해석해 백록(福祿), 백 가지 벼슬을 취해 온갖 복록을 가진다는 뜻이 됩니다. 즉, 번영, 성공, 재산, 기쁨 등 인생에서 누릴 수 있는 모든 성공과 행복을 기원하는 의미가 담겨 있습니다.

연모와 존경의 꽃 이름 수선화

수선화의 '선'은 신선과 발음이 같아 신선을 연상시켜 고귀함을 의미하였다고 합니다. 또한 책가도에 자주 등장할 정도로 문인들에게 사랑받은 꽃이었습니다. 그 이유는 수선화의 고귀한 자태가 문인들이 가져야 할, 가지고 싶은 정신적 덕목을 닮았기 때문이었습니다.

출세와 합격의 상징 책가도

책가도는 학문과 학덕을 쌓기 위해 애쓰는 문인들의 소망이 듬뿍 담긴 민화이자 '출세'의
상징으로 여겨왔습니다. 특히 열심히 공부하여 급제하는 것이 유일한 출셋길이었던 조선
시대에는 평범한 사람들의 소망이 담긴 그림으로 사랑받았으며 현재에 이르러서는 '합격',
'승진'이라는 의미로 사랑받고 있습니다.

모든 것이 평안하기를 기원하는 화병도

화병(花甁)은 발음이 화평(和平)과 유사하여 예로부터 화합과 평안의 상징으로 여겨졌습니다. 또한 상대방의 평안을 기원하는 뜻으로 아름다운 화병이나 화병이 그려진 그림을 선물하기도 했다고 합니다. 또한 집안의 화평을 비는 의미로 집이나 건물 등에 화병 그림을 장식했습니다. 특히 책가도(책을 소재로 한 그림)에서 자주 등장하는 소재로 다른 기물, 꽃들과 어우러져 의미를 더욱 보강하기도 했습니다.

황금색 길운을 집안에, 귤

귤 그림은 주황색의 난색이 사용되어 기분을 상쾌하고 즐겁게 만들어주는데요. 주방 또는 식탁 옆 등에 오방색에서 적색에 해당하는 주황색 그림을 걸어두면 활기를 더할 수 있다고 합니다. 커다란 귤이 주렁주렁 열린 그림으로 즐거운 인테리어 포인트를 만들어 보는 것은 어떨까요? 길상의 의미를 더할 뿐만 아니라 식욕을 돋우는 데도 도움이 될 것입니다.

Good Luck to you

❖━━━◆━━━❖

The more you draw,
the better things happen to me.

재물을 부르는 왕죽도(대나무)

왕죽도(대나무) 그림은 풍수 그림 중 재물과 성장, 결실의 의미로 최고의 풍수 그림으로 알려져 있습니다. 그림으로 풍수 효과를 보려면 왕죽도는 거실 앞, 뒷면이나 안방에 배치하면 좋으며, 특히 현관에서 보이는 곳에 걸어두면 웬만한 악재는 거의 해소되는 믿기 어렵고 놀라운 효과를 가져다준다고 합니다.

풍요와 번창, 복을 부르는 감

빨간 감 그림은 풍요로움과 번창, 가득 참, 다산과 함께 다섯 가지 덕을 갖춘 나무라 일컬어졌습니다. 풍수 그림으로 사업장에 감 그림을 걸어두면 감이 주렁주렁 달린 것처럼 일도 주렁주렁 들어온다는 의미가 있어 일감이 많이 들어와서 사업체가 번창하고 집안에 감 그림을 두면 가정의 평화와 건강 운이 좋아진다고 하여 많은 사랑을 받아 왔습니다.

금전운을 부르는 노란 꽃 해바라기

풍수지리에서 꽃은 크기나 색채에 따라 음양과 오행을 구분하여 균형을 맞추는 방식으로
활용되어왔다고 합니다. 특히 해바라기가 '금전운'을 불러온다고 전해지는 것에는 몇 가지
이유가 있습니다. 첫째는 해바라기 잎사귀 색입니다. 노란색은 금색이라고도 하여 금전
(재물)운을 높여준다고 하며, 둘째는 꽃은 토양(土)에서 탄생하기 때문에 결실을 만들어내
는 힘이 있다고 믿었습니다.

행운을 부르는 연화도

연꽃은 깨끗함, 순수, 청렴, 행운이라는 다양한 의미가 있습니다. 풍수적으로 연꽃은 진흙 속에서도 역경을 이겨내고 깨끗하게 화사하고 큰 꽃을 피우기 때문에 부귀, 좋은 복을 부른다고 합니다. 온 가족이 모이는 편안한 공산, 활기찬 에너지가 넘치는 분위기를 위해 화사하게 핀 연화도를 걸면 좋은 기운이 술술 들어와 집안에 행운을 증가시킨다고 합니다.

집안에 좋은 기운을 부르는 풋사과

사과는 열매, 결실의 상징으로 잘 보이는 곳에 걸어두면 집 안에 재운과 행운을 불러들인다고 합니다. 풋사과가 가진 청량함은 의욕과 성장의 색으로 가까이 두면 집안의 기운을 좋게 한다고 하며, 특히 재운, 합격, 승진 등 금전과 관련된 좋은 의미가 가득 담겨있다고 합니다.

지혜와 부를 선물하는 부엉이

부엉이는 부엉이 곳간, 부엉이살림이란 말이 있듯이 자신도 모르게 재물이 늘어나는 의미를 지닙니다. 또한 지혜의 여신 아테네의 상징 동물이었기에 지혜를 뜻하기도 합니다.

복과 재물을 불러오는 돼지

돼지는 풍요와 다산(多産), 근심 걱정 없는 평화와 건강 그리고 재물을 상징하는 동물입니다. 복 돼지 그림은 희망과 복이 들어와 하고자 하는 일들이 잘 풀리고 부를 얻으며 소원을 성취한다는 의미를 지닙니다. 풍수지리에서는 집안에 돼지 그림을 걸어 사업 번창을 기원했습니다.

가정의 행복을 기원하는 코끼리

코끼리의 어원은 매우 길한 존재로 이름 지어질 정도로 행운의 뜻이 가득합니다. 재물, 화목, 다산 등 가정의 행복을 기원하는 의미합니다. 코끼리 그림은 돈이 새 나가지 않게 굳히고 복을 부른다 해서 예로부터 많은 조상이 집에 걸어 두었던 풍수 그림입니다.

예로부터 가정의 나쁜 기운을 몰아내는 데 쓰였던 호랑이

호랑이는 동서남북을 지키는 사신(四神)이라고 하며, 산을 지키는 산신령의 사자라고 하기도 합니다. 신성하게 여겨지는 동물인 만큼 권선징악을 대표하며 '길조, 수호'의 의미가 있습니다.

가정의 번영과 축복의 뜻을 담는 동백꽃

동백나무는 예로부터 번영과 축복의 의미를 담고 있는 길상(吉祥) 나무로 취급되어 왔습니다. 추운 겨울 흰 눈 속에서도 아름다운 꽃을 피우며 자라난 꽃이기 때문에 고고함과 더불어 어려움 속에서도 세상과의 약속을 지키기 위해 태어난 축복의 대상으로 형상화되기도 했습니다.

신선들이 먹던 과일 복숭아

복숭아는 천상에서 열리는 과일로 이것을 먹으면 죽지 않고 장수한다는 전설에서 '장수와 벽사'의 의미가 유래되었습니다. 특히 천도(天桃)는 삼천 년 만에 열매를 맺는다고 하여 불로장수(不老長壽)의 과일로 여겨집니다.

안에 식신운을 올리는 청보리

보리는 곧은 성품과 부의 번창, 풍요로움을 의미하며 푸른색은 안정, 건강, 부를 상징합니다. 청보리는 이러한 기운을 상승시켜 풍수적으로 힘차게 전진하는 기운을 불러온다고 합니다.

자손만대의 뜻을 지닌 가지

가지와 오이, 참외와 같은 소과류는 씨가 많아 다산(多産)을 상징합니다. 특히 가지는 넝쿨 식물이며, 길게 늘어진 넝쿨 사이로 크고 작은 열매들이 매달린 형상이라서 자손의 이어짐이 오래도록 영원하다는 '자손만대'의 뜻을 지닙니다.

Good Luck to you

The more you draw,
the better things happen to me.

아이를 간절히 기다리는 사람들을 위한 딸기

우리나라에서도 유럽과 마찬가지로 예로부터 딸기는 씨가 많다 하여 '다산'의 상징으로 여겨 왔습니다. 딸기는 장미과 식물의 하나로 씨앗이 과육 바깥에 있는 유일한 과일이었습니다. 선조들은 씨가 알알이 잘 박혀 있는 새빨간 딸기의 모습을 풍요와 번창을 뜻하는 그림으로 생각하여 많이 사랑했습니다.

아이를 간절히 기다리는 사람들을 위한 수박

수박은 씨가 많은 과일이므로 '다산, 다남, 다복'을 상징합니다. 특히 수박은 단단한 초록색 껍질 속에 씨가 많다고 하여 아들을 염원하는 의미로도 그려져 왔습니다. 주변에 간절히 아이를 기다리는 부부가 있다면 그들을 위해 그림을 그려보는 건 어떨까요?

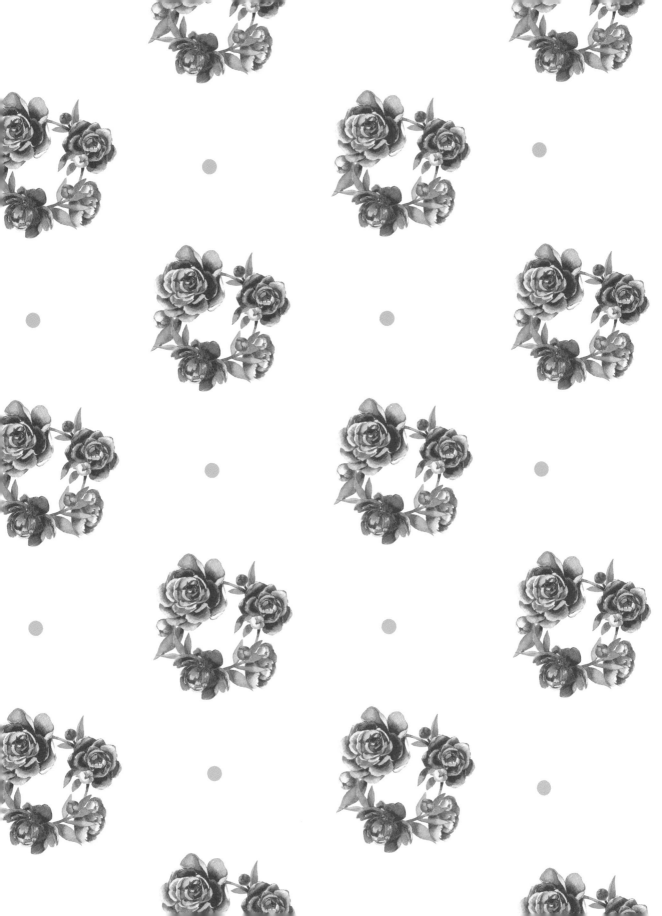

Foreign Copyright:
Joonwon Lee

Address: 10, Simhaksan-ro, Seopae-dong, Paju-si, Kyunggi-do, Korea

Telephone: 82-2-3142-4151
E-mail: jwlee@cyber.co.kr

행운을 부르는 그림 그리기

2020년 1월 7일 1판 1쇄 인쇄
2020년 1월 15일 1판 1쇄 발행

지은이 | 강경희, 신호진, 장은지
펴낸이 | 최한숙
펴낸곳 | BM 성안북스

주소 | 04032 서울시 마포구 양화로 127 첨단빌딩 3층(출판기획 R&D 센터)
10881 경기도 파주시 문발로 112 출판문화정보산업단지(제작 및 물류)
전화 | 02) 3142-0036
031) 950-6386
팩스 | 031) 950-6388
등록 | 1978. 9. 18. 제406-1978-000001호
출판사 홈페이지 | **www.cyber.co.kr**
이메일 문의 | heeheeda@naver.com
ISBN | 978-89-7067-362-2 (13590)
정가 | 19,800원

이 책을 만든 사람들

본부장 | 전희경
편집·표지 | 앤미디어
홍보 | 김계향
마케팅 | 구본철, 차정욱, 나진호, 이동후, 강호묵
제작 | 김유석

■ **도서 A/S 안내**

성안북스에서 발행하는 모든 도서는 저자와 출판사, 그리고 독자가 함께 만들어 나갑니다.
좋은 책을 펴내기 위해 많은 노력을 기울이고 있습니다. 혹시라도 내용상의 오류나 오탈자 등이 발견되면 **"좋은 책은 나라의 보배"**로서 우리 모두가 함께 만들어 간다는 마음으로 연락주시기 바랍니다. 수정 보완하여 더 나은 책이 되도록 최선을 다하겠습니다.
성안북스는 늘 독자 여러분들의 소중한 의견을 기다리고 있습니다. 좋은 의견을 보내주시는 분께는 성안당 쇼핑몰의 포인트(3,000포인트)를 적립해 드립니다.
잘못 만들어진 책이나 부록 등이 파손된 경우에는 교환해 드립니다.